Mohamed Aymen Elouaer

Amélioration des performances agronomiques du carthame par priming

Mohamed Aymen Elouaer

Amélioration des performances agronomiques du carthame par priming

Comportement agronomique du carthame sous stress salin par l'action de la technique de priming

Presses Académiques Francophones

Impressum / Mentions légales
Bibliografische Information der Deutschen Nationalbibliothek: Die Deutsche Nationalbibliothek verzeichnet diese Publikation in der Deutschen Nationalbibliografie; detaillierte bibliografische Daten sind im Internet über http://dnb.d-nb.de abrufbar.
Alle in diesem Buch genannten Marken und Produktnamen unterliegen warenzeichen-, marken- oder patentrechtlichem Schutz bzw. sind Warenzeichen oder eingetragene Warenzeichen der jeweiligen Inhaber. Die Wiedergabe von Marken, Produktnamen, Gebrauchsnamen, Handelsnamen, Warenbezeichnungen u.s.w. in diesem Werk berechtigt auch ohne besondere Kennzeichnung nicht zu der Annahme, dass solche Namen im Sinne der Warenzeichen- und Markenschutzgesetzgebung als frei zu betrachten wären und daher von jedermann benutzt werden dürften.

Information bibliographique publiée par la Deutsche Nationalbibliothek: La Deutsche Nationalbibliothek inscrit cette publication à la Deutsche Nationalbibliografie; des données bibliographiques détaillées sont disponibles sur internet à l'adresse http://dnb.d-nb.de.
Toutes marques et noms de produits mentionnés dans ce livre demeurent sous la protection des marques, des marques déposées et des brevets, et sont des marques ou des marques déposées de leurs détenteurs respectifs. L'utilisation des marques, noms de produits, noms communs, noms commerciaux, descriptions de produits, etc, même sans qu'ils soient mentionnés de façon particulière dans ce livre ne signifie en aucune façon que ces noms peuvent être utilisés sans restriction à l'égard de la législation pour la protection des marques et des marques déposées et pourraient donc être utilisés par quiconque.

Coverbild / Photo de couverture: www.ingimage.com

Verlag / Editeur:
Presses Académiques Francophones
ist ein Imprint der / est une marque déposée de
OmniScriptum GmbH & Co. KG
Heinrich-Böcking-Str. 6-8, 66121 Saarbrücken, Deutschland / Allemagne
Email: info@presses-academiques.com

Herstellung: siehe letzte Seite /
Impression: voir la dernière page
ISBN: 978-3-8416-3366-8

Zugl. / Agréé par: Institut Supérieur Agronomique de Chott Mariem, Sousse, Tunisie, 2014

Copyright / Droit d'auteur © 2015 OmniScriptum GmbH & Co. KG
Alle Rechte vorbehalten. / Tous droits réservés. Saarbrücken 2015

Remerciements

La présente thèse, réalisée à l'Institut Supérieur Agronomique de Chott-Mariem au sein de l'unité de recherche : «Conservation et Valorisation des Ressources Végétales à travers la Création d'un Jardin Botanique», est avant tout un travail de réflexion collective. Au terme de ce travail, il m'est à la fois un plaisir et un devoir de remercier sincèrement toutes les personnes qui ont participées, de près ou de loin, à sa réalisation.

Je tiens tout d'abord à remercier Mr. Chérif HANNACHI, Professeur à l'Institut Supérieur Agronomique de Chott-Mariem, qui a encadré cette thèse en dépit de ses nombreuses occupations et d'avoir contribué à faire avancer ce travail par ses discussions et ses remarques très intéressantes. Je le remercie profondément pour sa disponibilité et ses conseils qui m'ont beaucoup aidé. J'étais très touché par la confiance qu'il m'a témoignée tout au long de ce travail. Qu'il soit assuré de mon estime et ma profonde gratitude.

Je tiens aussi à remercier vivement Mme. Rabiaa Haouala, Maître de conférences à l'Institut Supérieur Agronomique de Chott Mariem, d'avoir accepté de juger ce travail et de présider le jury de soutenance. Que vous soyez assurée de mon entière reconnaissance.

Un grand merci pour Mr. Mahmoud Mhamdi, Maître de conférences à l'Institut Supérieur Agronomique de Chott-Mariem et Mr. Taoufik Bettaieb, Maître de conférences à l'Institut National Agronomique de Tunis, d'avoir accepté de rapporter cette thèse. Vos remarques pertinentes et vos conseils précieux m'ont beaucoup aidé à améliorer la qualité de ce travail. Soyez assurés, chers Messieurs, de mon estime et de ma profonde gratitude.

Merci également à Mme Boutheina Al Mohandes Dridi, Maître de conférences à l'Institut Supérieur Agronomique de Chott-Mariem, qui a accepté de juger ce travail en tant qu'examinatrice. Je lui adresse mes sentiments les plus respectueux.

Je tiens aussi à remercier le personnel du laboratoire de Chimie Bio-organique à l'Institut Leibniz Halle Saale en Allemagne, où j'ai effectué un stage de trois mois, m'ayant permis de terminer des analyses et travaux de recherche. Je remercie particulièrement Professeur Norbert Arnold qui m'a soutenu lors de la réalisation de ce stage.

Je remercie particulièrement le personnel (Administration, Laboratoire, Domaine) de l'ISA de Chott-Mariem, à qui j'adresse l'expression de mes sincères sentiments pour l'entente que j'ai trouvée avec eux et les nombreux services qui m'ont rendus.

Je remercie chaleureusement tous les membres du Département des Sciences Horticoles et du Paysage de l'ISA de Chott-Mariem pour les bons moments partagés avec eux et leurs participations efficaces aux travaux effectués sur champs.

Je n'oublie pas, bien sûr, de dire Merci à tous mes collègues, si nombreux, pour leur compréhension et leur soutien moral, qu'ils trouvent ici l'assurance de mon amitié.

Un grand merci à toute ma famille pour leur inestimable et indéfectible soutien, en particulier mon père, ma mère mon frère et mes sœurs.

Listes des Figures

Planche 1.1. Morphologie de la plante du carthame **A**: Plante au stade rosette; **B**: 11 Akènes avec ou sans Pappus; **C**: Racine pivotante; **D**: Feuilles à limbe simple; **E**: Fleurs de différentes couleurs; **F**: Capitule composé de plusieurs fleurs; **G**: Culture des plantes en pleine floraison (Lagha, 2008).

Fig. 1.2. Parcelle de culture de carthame à l'exploitation agricole de l'ISA de Chott-Mariem (d'après Lagha, 2008).

12

Fig. 1.3. Maladie de brulure des feuilles causée par *Alternaria carthami* (Li et Mundel, 13 1996).

Fig. 1.4: Structure moléculaires des principaux pigments de la fleur de carthame: A. 15 Carthamine ; B. Carthamidine.

Fig. 2.1. Courbe standard de Sérum Bovine Albumine (Ninfa and Ballou, 1998)......... 37

Fig. 2.2. Courbe d'étalonnage de la proline (El Jaafari, 1993)............................... 38

Fig 2.3. Schémas de fonctionnement de la méthode de la micro-extraction sur phase **40** solide (Damien, 2007).

Fig. 3.1. Effet de NaCl sur la germination des grains de carthame prétraités (priming 47 avec NaCl: 5 g/l; 12 h) (priming avec KCl: 5 g/l; 24 h) et des grains témoins (sans priming)

Fig. 3.2. Effet de NaCl sur le Temps Moyen de germination (TMG) des grains de 47 carthame témoins et des grains prétraités (Priming NaCl: 5 g/l ; 12 h) (Priming KCl: 5 g/l, 24 h).

Fig. 3.3. Effet de NaCl sur la longueur de la radicule des grains de carthame témoins et 49 des grains prétraités par NaCl (Priming-NaCl : 5 g/l, 12 h) (Priming KCl: 5 g/l, 24 h).

Figs. 3.4. Effet de NaCl sur les matières fraîche (MF) et sèche (MS)/plantule, issue des 50 grains de carthame témoins et des grains prétraités (Priming-NaCl : 5 g/l, 12 h) (Priming-KCl: 5 g/l, 24 h).

Fig. 3.5: Effet de NaCl, additionné dans l'eau d'irrigation, sur la croissance en hauteur des plantes de carthame issues des grains prétraités (priming-NaCl, Priming KCl) ou des grains témoins et cultivées en plein air. 52

Fig. 3.6: Effet de NaCl, additionné dans l'eau d'irrigation, sur la matière fraîche (MF) de la partie aérienne des plantes de carthame issues des grains prétraités (priming-NaCl) (Priming KCl) ou des grains témoins et cultivées en plein air. 56

Fig. 3.7. Effet de NaCl, additionné dans l'eau d'irrigation, sur la matière sèche (MS) de la partie aérienne des plantes de carthame issues des grains prétraités (priming-NaCl) (Priming KCl) ou des grains témoins et cultivées en plein air. 56

Fig. 3.8. Effet de NaCl, additionné dans l'eau d'irrigation, sur la matière fraiche (MF) des racines des plantes de carthame issues des grains prétraités (priming-NaCl) (Priming KCl) ou des grains témoins et cultivées en plein air. 57

Fig. 3.9. Effet de NaCl, additionné dans l'eau d'irrigation, sur la matière sèche (MS) des racines des plantes de carthame issues des grains prétraités (priming-NaCl) et des grains témoins et cultivées en plein air. 57

Fig. 3.10. Effet de NaCl, additionné dans l'eau d'irrigation, sur le nombre de branches/plante chez les plantes de carthame issues des grains prétraités (priming-NaCl) (Priming KCl) ou des grains témoins et cultivées en plein air. 58

Fig. 3.11. Effet de NaCl additionné dans l'eau d'irrigation sur le nombre de capitules/plante chez les plantes de carthame issues des grains prétraités (priming avec NaCl 5g/l, 12 h) ou des grains témoins et cultivées en plein air.

58

Fig. 3.12. Effet de NaCl, additionné dans l'eau d'irrigation, sur la surface foliaire des plantes de carthame issues des grains prétraités (priming avec NaCl 5g/l, 12 h) (priming avec KCl 5 g/l, 24 h) ou des grains témoins et cultivées en plein air. 59

Fig. 3.13. Effet de NaCl additionné dans l'eau d'irrigation sur le rendement en pétales frais des plantes issues des grains prétraités (priming avec NaCl 5g/l, 12 h) (priming 61

avec KCl 5 g/l, 24 h) ou des grains témoins et cultivées en plein air.

Fig. 3.14: Effet de NaCl additionné dans l'eau d'irrigation sur le rendement en pétales 62 sec des plantes issues des grains prétraités (priming avec NaCl 5g/l, 12 h) (priming avec KCl 5 g/l, 24 h) ou des grains témoins et cultivées en plein air.

Planche 3.15. Effet de NaCl additionné dans l'eau d'irrigation sur l'évolution du 64 rendement en pétales frais des plantes de carthame issues des graines témoins (A), des grains prétraités avec KCl (priming avec KCl 5g/l, 24 h) (B) et des grains prétraités avec NaCl (priming avec NaCl 5 g/l, 12 h) (C) et cultivées en plein air.

Fig. 3.16: Effet de NaCl additionné dans l'eau d'irrigation sur le rendement en grains 65 des plantes issues des grains prétraités (priming avec NaCl 5g/l, 12 h) (priming avec KCl 5 g/l, 24 h) ou des grains témoins et cultivées en plein air.

Fig. 3.17. Effet de NaCl additionné dans l'eau d'irrigation sur le poids de 1000 graines 65 (g) des plantes issues des graines prétraitées (priming avec NaCl 5 g/l, 12 h) (priming avec KCl 5 g/l, 24 h) ou des graines témoins et cultivées en plein air.

Fig. 3.18. Effet de NaCl, additionné dans l'eau d'irrigation, sur la teneur en proline des 68 plantes de carthame issues des grains prétraités avec NaCl (5 g /l, 12h), avec KCl (5 g/l, 24 h) et des grains témoins et cultivées toutes les deux en plein air.

Fig. 3.19. Effet de NaCl, additionné dans l'eau d'irrigation, sur la teneur en protéine 68 des plantes de carthame issues des grains prétraités (priming avec NaCl (5 g /l, 12h), priming KCl (5 g/l, 24 h) et des grains témoins et cultivées toutes les deux en plein air.

Fig. 3.20. Effet de la technique de priming sur le rendement total en huile des grains 69 des plantes de carthame cultivées sous stress salin.

Fig. 3.21. Structure chimique des composées majoritaires de l'huile essentielle des 72 pétales de carthame

Fig.3.22. Effet de NaCl, additionné dans l'eau d'irrigation, sur la déperdition 76 électrolytique des plantes de carthame issues des grains prétraités avec NaCl (5 g/l, 12 h), priming KCl (5 g/l, 24 h) ou des grains témoins et cultivées toutes les deux en plein air.

Liste des Tableaux

Tableau 1.1. Les différents noms du carthame dans le monde (Li et Mundel, 1996).　**6**

Tableau 1.2. Classification des espèces de carthame selon le nombre de paire de chromosome (Ashri and Knowles, 1960).　**7**

Tableau 1.3. Composition de l'huile essentielle des pétales, des feuilles et des graines de carthame, cultivé en plein air dans la région de Chott-Mariem (Lagha, 2008).　**10**

Tableau 1.4. Demande de carthame en éléments minéraux selon le rendement………..　**13**

Tableau 3.1. Germination des grains de carthame témoins et des grains ayant subi le priming avec NaCl (5 à 20 g/l) pendant (12, 24, 36 h).　**43**

Tableau 3.2. Germination des grains de carthame témoins et des grains ayant subi le priming avec KCl (5 à 20 g/l) pendant (12, 24, 36 h).　**43**

Tableau 3.3. Effet de NaCl, additionné dans l'eau d'irrigation, sur les teneurs en chlorophylles a et b (chl a, chl b) foliaires des plantes de carthame issues des grains ayant subi le priming (NaCl: 5 g /l, 12h) (KCl: 5 g/l, 24 h) et des plantes issues des grains témoins (sans priming) et cultivées en plein air.　**67**

Tableau 3.4: Composition en acides gras (mg/ml) des graines de carthame récoltées sur des plantes issues des graines prétraitées (NaCl 5 g/l, 12 h) et des plantes issues des graines témoins et irriguées avec une eau chargée de NaCl.　**70**

Tableau 3.5: Formule et nature chimiques des principaux constituants de l'huile essentielle des pétales de carthame　**72**

Tableau 3.6: Concentration des principaux composants de l'huile essentielle des pétales des plantes de carthame cultivées sous stress salin.　**73**

Tableau 3.7. Effet de NaCl, additionné dans l'eau d'irrigation, sur les teneurs en Na^+, K^+ et Ca^{2+}, des plantes de carthame issues des grains prétraités (priming avec NaCl (5 g /l, 12h), priming avec KCl (5 g/l, 24 h)) ou des grains témoins et cultivées en plein air.　**75**

Liste des photos

Photo 2.1. Culture de carthame dans une parcelle de l'exploitation agricole de l'ISA de Chott-Mariem (cliché personnel). 35

Planche 3.1. Germination des grains de carthame ayant subi le priming avec NaCl à différentes concentrations (5, 10, 15 et 20 g/l) et pendant des durées distinctes (12, 24, 36 h). 45

Planche 3.2. Effet de NaCl (0 à 20 g/l) sur la germination des grains témoins et des grains prétraités (NaCl: 5 g/l, 12 h) (KCl: 5 g/l, 24 h) 48

Planche 3.3. Plantes de carthame issues des grains témoins n'ayant pas subi le priming et irrigués avec une eau dépourvue ou additionnée de NaCl. 51

Planche 3.4. Plantes de carthame issues des grains ayant subi le priming avec NaCl (5 g/l ; 12 h) et irrigués avec une eau dépourvue ou additionnée de NaCl. 51

Photo 3.5. Racine de carthame. 55

Photo 3.6. Plante de carthame avec branches porteuses de capitules fleuris. 55

Photo 3.7. Capitule de carthame en phase de floraison. 59

Photo 3.8. Grains de carthame 63

RESUME

Dans le but d'améliorer les performances agronomiques (croissance et rendement en pétales, graines, huiles et huiles essentielles) du carthame (*Carthamus tinctorius* L.), cultivé sous stress salin, le présent travail de recherche a tenté d'appliquer la technique de priming en utilisant deux solutions osmotiques différentes le chlorure de sodium (NaCl) et le chlorure de potassium (KCl). Les effets de cette technique ont été examinés sur les graines en cours de germination en laboratoire et les plantes correspondantes en culture en plein air (exploitation agricole de l'Institut Supérieur Agronomique de Chott-Mariem). Au cours de ces essais, des paramètres agronomiques, biochimiques et minéraux ont été suivis en condition de culture sous stress salin (NaCl : 5 à 20 g/l).

Préalablement, un essai préliminaire en laboratoire consiste à déterminer la concentration et la durée optimales de priming avec NaCl et KCl; pour cela, les graines ont été préalablement trempées séparément dans quatre concentrations de NaCl et KCl (5, 10, 15 et 20 g/l) pendant trois durées différentes (12, 24 et 36 h). Les résultats obtenus ont montré que la meilleure combinaison (concentration et durée) de prétraitement des graines donnant les meilleurs paramètres de germination est une concentration de 5 g/l pour les solutions de NaCl et KCl et une durée de trempage de 12 h pour la solution de NaCl et 24 h pour la solution de KCl.

Les combinaisons optimales de priming ainsi obtenues (NaCl: 5 g/l, 12 h) (KCl : 5 g/l, 24 h) ont été appliquées sur les graines. Par la suite, les graines prétraitées ont été mises à germer sous stress salin (NaCl : 0, 5, 10, 15 et 20 g/l). Les résultats obtenus ont montré que, par rapport aux graines non prétraitées (graines témoins), le priming améliore de façon significative les paramètres de germination (germination totale, temps moyen de germination) et de croissance des plantules (longueur de la radicule, poids frais et sec des plantules).

En plein air, les graines ayant subi le priming avec NaCl (5 g/l, 12 h) ou avec KCl (5 g/l, 24 h) sont semées dans le sol. Les plantes correspondantes obtenues sont irriguées avec une eau du barrage de Nebhana additionnée de NaCl (3, 6, 9 et 12 g/l). Les résultats obtenus ont prouvé que le priming améliore considérablement les paramètres de croissance (hauteur de la plante, poids frais et sec, surface foliaire) et de rendement en pétales et graines.

Afin de comprendre le mécanisme d'action de priming sur les plantes soumises au stress salin, des analyses biochimiques des feuilles (teneurs en chlorophylles, proline et protéines) et minérales (teneurs en sodium, potassium et calcium et déperdition électrolytique) ont été réalisées. Les résultats obtenus ont prouvé que les plantes issues des graines ayant subi le priming (NaCl et KCl) accumulent beaucoup plus de substances biochimiques et d'éléments minéraux que les plantes issues des graines témoins, toutes les deux cultivées en plein air sous contrainte saline (NaCl : 3 à 12 g/l).

Quant aux analyses biochimiques des graines et des pétales de capitules, le rendement en huile des graines ainsi que les teneurs des quatre acides gras de cette même huile (Acide palmitique, Acide stéarique, Acide Oléique et Acide linoléique) se trouvent améliorés par le priming quelque soit la concentration de NaCl dans l'eau d'irrigation. Dans ces mêmes conditions, la teneur des pétales en huile essentielle pour l'un des principaux composés (Acide Butanoique, 3-methyl et caryophyléne) se trouve augmentée. Toutefois, les teneurs d'autres composés secondaires ont presque doublés (Acide Hexanoique) ou diminuées de moitié (D-Limonene).

Motsclés: Carthame, priming, germination, croissance, stress salin, huile essentielle.

ABSTRACT

In order to improve agronomic performance (growth and yield) of safflower (*Carthamus tinctorius* L.) under salt stress, the present research attempts to apply seed priming technique using two different osmotic solutions which are sodium chloride (NaCl) and potassium chloride (KCl) as priming agents through two consecutive germination tests in the laboratory and cultivation test in the field experiment of Higher Institute of Agronomy Chott Mariem. During these tests, agronomic, biochemical and mineral parameters were monitored using saline irrigation to test the agronomic performance of the plant and the tolerance of safflower to salinity.

The research began with a preliminary laboratory test designed to determine the optimal concentration and duration of priming with NaCl and KCl; for this reason, safflower seeds were pre-soaked separately in four concentrations of NaCl and KCl (5, 10, 15 and 20 g/l) for three different duration (12, 24 and 36 h). The results obtained showed that the best combination of pretreatment (concentration and duration) giving the best seed germination is a concentration of 5 g/l for the solutions of NaCl and KCl and a soaking time of 12 h for NaCl solution and a soaking time of 24 h for KCl solution.

Optimal priming combinations obtained (NaCl: 5 g/l, 12 h) and (KCl: 5 g/l, 24 h) were tested on safflower seeds, in a laboratory test at different levels of salt stress (0, 5, 10, 15 and 20 g/l NaCl). Results showed that, compared to non-pretreated seeds (control seeds), seed priming significantly improves germination parameters and seedling growth of safflower.

Thereafter, a seedling assay was carried out in field experiment to test the agronomic performance of plants derived from seeds treated with priming solution of NaCl (5 g/l, 12 h) and KCl (5 g/l, 24 h), compared to plants derived from seeds which they don't receive any pretreatment, on the later growth stages of the plant. Plants implemented in the field experiment were irrigated with water at different levels of salinity (NaCl: 0, 3, 6, 9 and 12 g/l). The results showed that seed priming significantly improves growth and yield parameters of safflower plants grown under salt stress.

To understand the mechanism of action of priming on plants under salt stress, biochemical analyzes (chlorophyll, proline and proteins) and minerals (sodium content, potassium and calcium and electrolyte loss) have been made. Results have shown that plants derived from seeds pretreated with NaCl (5 g/l, 12 h) and KCl (5 g/l, 24 h) accumulate much more biochemical and minerals attributes in plant cells than plants derived from control seeds grown under salt stress conditions.

Biochemical analyzes of essential oil and fatty acids of safflower, intended to verify the influence of salt stress and seed priming technique on their quantities and qualities. Results have shown that oil yield and fatty acids concentration decrease due to the increase of salinity in water irrigation, but this decrease was less pronounced in plants derived from primed seeds with NaCl and KCl. Concerning the content of petals in essential oil, the action of salinity and seed priming varies according to the salinity and seed priming. In one side, the two factors increases their concentrations, on the other hand, they reduce the levels of certain components.

Keywords: Safflower, seed priming, germination, growth, salt stress, essential oil.

الخلاصة

من أجل تحسين المردودية الزراعية لنبتة القرطم في ظروف زراعية تحت تأثير الملح، يحاول البحث الحالي لتطبيق تقنية "بريمينق" باستخدام محلول كلوريد الصوديوم وكلوريد البوتاسيوم من خلال اجراء اختبارين متتاليين لإنبات القرطم في المخبر ومحاولة زراعته في الحقل في محطة التجارب للمعهد العالي للعلوم الزراعية بشط مريم. من خلال هذه التجارب، تم رصد المعايير الزراعية، الكيمياء، الحيوية والمعدنية لنبتة القرطم باستخدام مياه ري ذات درجات ملوحة مختلفة من اجل اختبار الأداء الزراعي لنبتة القرطم في ظروف زراعية مالحة.

بدأ البحث بإجراء اختبارات أولية تهدف إلى تحديد التركيز الأمثل والمدة المناسبة لمعالجة بذور القرطم بمحلولي كلوريد الصوديوم و كلوريد البوتاسيوم. من اجل هذا، تمت معالجة وبصفة منفصلة البذور في أربعة تركيزات مختلفة لكلوريد الصوديوم و كلوريد البوتاسيوم (5، 10 و 15 و 20 غرام / لتر) لمدة ثلاثة أوقات مختلفة (12، 24 و 36 ساعة). أظهرت النتائج المتحصل عليها أن أفضل حالة للمعالجة والتي تعطي أفضل نتائج الإنبات هو تركيز 5 جم / لتر لمحلول كلوريد الصوديوم وينقع لمدة 12 ساعة، و محلول كلوريد البوتاسيوم بتركيز 5 جم / لتر وينقع لمدة 24 ساعة.

التركيبة المثالية لتقنية "بريمينق" المتحصل عليها (كلوريد الصوديوم: 5 جم / لتر، 12 ساعة) (كلوريد البوتاسيوم: 5 جم / لتر، 24 ساعة) تم اختبارها على بذور القرطم، من خلال الاختبارات المخبرية على مختلف المستويات الإجهاد الملحي (0، 5، 10، 15 و 20 غرام / لتر كلوريد الصوديوم). أظهرت النتائج أن، بالمقارنة مع البذور التي لم يتم معالجتها (بذور الشاهد)، تقنية "بريمينق" تحسن بشكل ملحوظ معايير الإنبات والنمو للقرطم.

بعد ذلك، تم إجراء زراعة البذور في محطة التجارب لاختبار الأداء الزراعي لنبتة القرطم ومن اجل مقارنة النباتات التي تم زرعها من بذور التي لم تخضع للمعالجة (بذور شاهد)، مع البذور التي خضعت للمعالجة بمحلول كلوريد الصوديوم (5 ز / ل، 12 ساعة) والنباتات التي تمت زراعتها من بذور خضعت للمعالجة بمحلول كلوريد البوتاسيوم (5 جم / لتر، 24 ساعة). يتم ري النباتات التي تم زرعها بمياه ري ذات مستويات مختلفة من الملوحة (كلوريد الصوديوم: 0، 3، 6، 9 و 12 جم / لتر). أظهرت النتائج أن تقنية "بريمينق" تحسن بشكل ملحوظ معايير النمو و الإنتاجية لنبتة في ظروف زراعية مالحة.

من اجل فهم آلية عمل تقنية "بريمينق" على النباتات باستعمال مياه ري ذات مستويات مختلفة من الملوحة، تم إجراء التحاليل البيوكيميائية (الكلوروفيل، البرولين والبروتينات) والمعادن (محتوى الصوديوم والبوتاسيوم والكالسيوم وفقدان إلكترولت). وقد أثبتت النتائج أن النباتات التي تزرع من بذور التي خضعت للمعالجة بمحلول كلوريد الصوديوم و كلوريد البوتاسيوم، ان هذه النباتات تركز بشكل كبير في خلاياها المعادن والعناصر البيوكيميائية مقارنة بالنباتات التي تم زرعها النباتية من بذور لم تخضع للمعالجة (بذور شاهد)، باستخدام مياه ري ذات درجات ملوحة مختلفة.

التحاليل البيوكيميائية للزيت والزيوت الطيارة للقرطم تهدف إلى التحقق من تأثير الري بالمياه المالحة و تقنية "بريمينق" على كمياتها وصفاتها. وقد أظهرت النتائج أن مردود البذور من الزيت وتركيز الأحماض الدهنية ينخفض بسبب زيادة الملوحة في مياه الري، ولكن هذا الانخفاض كان أقل وضوحا في النباتات التي تم زرعها من بذور خضعت للمعالجة بمحلول كلوريد الصوديوم و كلوريد البوتاسيوم. فيما يخص محتوى زهور القرطم للزيوت الطيارة، فان الملوحة تقنية "بريمينق" يختلف تأثيرهما من عنصر لآخر، من ناحية، يؤثر هذان العاملان سلبا على تركيز ومكونات الزيوت الطيارة، من ناحية أخرى، فإن العاملان لا تقلل من مستويات بعض المكونات.

الكلمات المفاتيح القرطم، بريمينق، الانبات، النمو الخضري، الاجهاد الملحي، الزيوت الطيارة

Sommaire

INTRODUCTION GENERALE ……………………………………………...	1
Chapitre I. SYNTHESE BIBLIOGRAPHIQUE ……………………………	5
1. Aperçue général sur le carthame et sa culture………………………………….	5
2. Morphologie de la plante………………..………………………………………	5
3. Physiologie de la plante………………………………………………………..	7
4. Biochimie de la plante………………………..…………………………………	8
5. Techniques culturales…………..………………………………………………..	9
6. Maladies de la culture……………………………………………………………	12
7. Fertilisation du carthame…………………………..……………………………	12
8. Différents usages de la plante………………………………..………………...	13
8.1. Usages médicinaux………………………………..……………………..	13
8.2. Usages alimentaires…..…………………………………………………..	14
8.3. Usages fourragères…………………………………………………………..	15
8.4. Usages industrielles……………………………………………………….	16
9. Comportement des plantes soumises au stress salin et solutions agronomiques.	16
10. Effets de la salinité sur les plantes…...…………..……………………………..	17
10.1. Croissance végétative…..………………………………………………..	18
10.2. Photosynthèse………………………………………………………………	18
10.3. Composition minérale ………………………………………………………	19
10.4. Ajustement osmotique…………………………………………………….	20
10.5. Teneur en métabolites secondaires (huile et huile essentielle)………………	21
11. Tolérance à la salinité des plantes……………………………………………….	21

11.1. Effet des facteurs environnementaux... 21

11.2. Effet du génotype.. 21

11.3. Effet du stade de développement des plantes.. 21

12. Mécanismes de tolérance des plantes au stress salin... 22

    12.1. Accumulation sélective ou exclusion d'ions.. 22

    12.2. Accumulation de solutés organiques.. 22

    12.3. Contrôle de l'absorption d'ions par les racines et leur transport vers les feuilles   23

    12.4. Changements des processus photosynthétiques sous stress salin................... 24

    12.5. Induction des enzymes de stress oxydatif par la salinité............................. 24

    12.6. Induction d'hormones végétales par la salinité....................................... 25

13. Techniques agronomiques atténuant le stress salin... 25

    13.1. Amélioration par la fertilisation.. 25

    13.2. Lessivage des sols... 26

    13.3. Mycorhization des plantes... 26

    13.4. Utilisations des plantes tolérantes.. 26

    13.5. La technique de priming... 27

        13.5.1. Principes du priming... 27

        13.5.2. Objectifs du priming... 28

        13.5.3. Application de priming sous stress salin..................................... 28

        13.5.4. Mécanismes d'action du priming.. 29

Chapitre II. MATERIEL ET METHODES   **32**

1. Matériel Végétal	31
2. Essai de germination du carthame au laboratoire..	32
2.1. Mise au point de la technique de priming avec NaCl et KCl............................	32
2.2. Germination des grains de carthame en présence de NaCl........................	32
2.3. Paramètres mesurés..	33
2.3.1. Germination totale (GT)..	33
2.3.2. Temps moyen de germination (TMG)...	33
2.3.3. Longueur de la radicule..	33
2.3.4. Matière fraiche et sèche des plantules...	33
3. Essai de culture du carthame en plein champs..	33
3-1- Caractéristiques pédoclimatiques de la région de Chott Mariem.................	33
3.2. Installation de la culture	34
3.3. Paramètres physiologiques mesurés...	34
3.3.1. Hauteur de la plante..	34
3.3.2. Matières fraiche et sèche des organes aériens et racinaires......................	35
3-3-3- Nombre de branche par plante..	35
3-3-4- Nombre de capitules par plante..	35
3-3-5- Surface foliaire..	35
3-3-6- Evolution du rendement en pétales frais..	35
3-3-7- Rendement en pétales frais et sec...	35
3-3-8- Rendement en grains...	36
3-3-9- Poids de 1000 grains	36

4- Analyses biochimiques et minérales des plantes de carthame....................... 36

4-1- Extraction et dosage des chlorophylles.. 36

4-2- Extraction et dosage des protéines 36

4-3- Extraction et dosage de la Proline 37

4-4- Dosage du Sodium, du Potassium et du Calcium 38

4-5- Mesure de la déperdition électrolytique 38

4-6- Extraction et dosage de l'huile des grains 39

4-6-1- Extraction de l'huile des grains.. 39

4-6-2- Analyse de l'huile des grains 39

4-6-3- Analyse des Ester méthylique d'acide gars................................ 39

4-7- Analyse de l'huile essentielle des pétales.. 40

5- Analyse statistiques 41

Chapitre III. RESULTATS.. 42

1- Essai au Laboratoire 42

1.1. Mise au point de la technique de priming avec NaCl favorisant la germination des grains de carthame 42

1.2. Mise au point de la technique de priming avec KCl favorisant la germination des grains de carthame 42

1.3. Germination sous stress salin des grains de carthame ayant subi le priming...... 44

1.3.1- Germination totale des grains de carthame... 44

1.3.2- Temps moyen de germination (TMG).. 46

1.3.3- Longueur de la radicule des plantules.. 46

1.3.4- Matières fraîche et sèche des plantules………………………………..………… 49

2- Essai de culture de carthame en plein champs…………………………………….. 50

2-1- Paramètres de croissance des plantes de carthame……………………………... 50

    2.1.1. Hauteur de la plante……………………………………………………………….. 50

    2.1.2. Matières fraiche et sèche des organes aériens……………………………………. 52

    2.1.3. Matières fraiche et sèche des racines……………………………………………… 53

    2.1.4. Nombre de branches par plante……………………………………………………... 54

    2.1.5. Nombre de capitules par plante…………………………………………………….. 56

    2.1.6. Surface foliaire……………………………………………………………………….. 59

2-2- Paramètres de rendement ……………………………………………………………. 60

    2.1.8. Evolution de rendement en pétales frais………………………………………... 60

    2.1.9. Rendement totales en pétales frais et secs………………………………………. 60

    2.1.10. Rendement en grains……………………………………………………………... 62

    2.1.11. Poids de 1000 grains……………………………………………………………… 63

3- Paramètres biochimiques des plantes de carthame ………………………………… 65

    3.1. Teneurs en chlorophylles ……………………………………………………………. 65

    3.2. Teneurs en proline……………………………………………………………………. 66

    3.3. Teneurs en protéines…………………………………………………………………... 67

3-4- Rendement total en huile des grains de carthame………………………………….. 69

3-5- Teneur en acides gras de l'huile des grains de carthame…………………………. 69

3-6- Teneur en huile essentielle extraite à partir des pétales de carthame…………… 71

4- Analyses minérales des plantes de carthame………………………………………… 74

4-1- Teneurs en éléments minéraux 74

4-2- Déperdition électrolytique 74

Chapitre IV.. 77

Discussion générale.. 77

Conclusion générale... 85

Perspectives.. 86

Références Bibliographiques.. 87

Annexe... 112

INTRODUCTION GENERALE

En Tunisie, les sols affectés par la salinité couvrent environ 1.5 millions d'hectares, soit environ 10% de la surface totale du pays; 30% des périmètres irrigués sont affectés par la salinité à différents degrés (Hachicha, 2007). La salinité est le facteur environnemental le plus grave affectant la croissance et le rendement de la majorité des cultures aussi bien en Tunisie que dans le monde (Da Silva et al. 2008). L'effet inhibiteur de la salinité ne se limite pas du coté physiologique (inhibition de la croissance et de rendement) mais il contribue du point de vue biochimique et moléculaire (Ashraf et Harris, 2004). En effet, la salinité affecte les processus métaboliques majeurs de la plante tels que la photosynthèse et les métabolismes primaire et secondaire (Parida et Das, 2005). Face à l'aggravation de la situation de l'agriculture en Tunisie et au niveau mondial et l'augmentation de la population mondiale et ses répercussions sur l'augmentation de la demande en alimentation mettant une pression plus accru sur la productivité agricole, il a fallu donc trouver des solutions efficaces afin de satisfaire les besoins croissant de la population en production végétale tout en tenant compte des contraintes environnementales mettant en péril la durabilité de la production agricole.

Dans les zones semi-arides et arides comme la Tunisie, l'irrigation est l'un des moyens d'augmenter la productivité agricole afin de satisfaire les besoins croissants de la population en alimentation; cependant, la mauvaise qualité des eaux d'irrigation, affectée par la salinité, oblige le secteur agricole à trouver des solutions curatives faisant face à ses conséquences négatives sur le développement durable de l'agriculture.

Plusieurs méthodes adaptatives ont été mises au point pour faire face aux conséquences néfastes de la salinité sur le rendement des plantes et la productivité agricole. Parmi ces techniques on peut citer : le lessivage (utilisation des grandes quantités d'eau dans le sol afin de faire lessiver l'excès de sel vers les profondeurs, (Dregne, 1976)), la mycorhization (inoculation d'un champignon au sol afin d'augmenter la tolérance des plantes au stress salin, (Prud et al. 1984)), la fertilisation (utilisation des fertilisants à base de calcium et de potassium afin de corriger le déficit nutritionnel occasionné par la salinité du sol (Kaya et al. 2001)) et la génie génétique (introduction de gènes de tolérance à la salinité chez les plantes sensibles). Malgré l'efficacité de ces techniques afin d'améliorer la tolérance des cultures au stress salin, ces méthodes nécessitent une technicité élevée et un investissement important limitant leurs propagation dans les zones arides et semi arides et ou les moyens alloués à l'agriculture restent encore en dessous des normes.

Il existe cependant une méthode simple et efficace qui peut être utilisée à grande échelle dans les pays en développement et ne nécessitant pas de grand investissement. La technique de priming est l'une des méthodes utilisées pour adapter les plantes au stress salin. C'est une technique facile à mettre en œuvre, elle consiste à tremper les graines dans des solutions osmotiques pendant une durée déterminée sans qu'il y ait émergence de la radicule. Les graines ainsi prétraitées ont une germination et une croissance végétative plus élevée que les graines n'ayant pas subi ce traitement. Plusieurs travaux de recherche ont montré l'effet bénéfique, non seulement durant la phase de germination, mais aussi au cours de la croissance végétative, le rendement, la composition biochimique et minérale des plantes.

Au cours de ce travail, on a utilisé le carthame (*Carthamus tinctorius* L.) qui est une plante annuelle appartenant à la famille des Astéracées, utilisée essentiellement pour ses pétales et ses graines. L'Inde et le Mexique sont les premiers producteurs mondiaux en graines de carthame (26% de la production mondiale) avec environ 200 milles tonnes (FAO, 2006). Les graines et les fleurs de carthame ont des utilisations aussi bien culinaire, médicinale, pharmaceutique et industrielle, c'est pourquoi, un intérêt grandissant pour l'amélioration des performances agronomiques de cette espèce, particulièrement en conditions de stress abiotique, ne cesse d'augmenter.

En Tunisie, le carthame n'occupe pas de surface de culture importante malgré l'intérêt grandissant de cette culture. La plante est cultivée principalement, pour ses pétales comme épice et l'huile contenue dans ses graines pour l'alimentation humaine, dans des régions limitées en Tunisie telle que Feriana, Testour, ElJem et Ksour Essef (Pottier-Alapetite, 1981). Dans le monde, le carthame est cultivé dans plus de 30 pays dont l'Inde, le Mexique et les Etats d'Unis d'Amérique contribuent approximativement d'environ 70% de la production mondiale d'huile de carthame (Sehgal et *al.* 2009). C'est une culture à usage multiple dont la majorité de la plante est utilisée (feuille, fleurs et graines) et ayant plusieurs applications (Bowles et *al.* 2010). Le carthame est une culture très ancienne cultivée depuis des siècles dans plusieurs régions du monde depuis la Chine au bassin méditerranéen et du Nord de la Russie jusqu'au sud de l'Ethiopie (Stumpf, 1975). Plusieurs travaux de recherche ont montré les effets bénéfiques de cette plante cultivée essentiellement pour son huile extraite à partir des graines et ses pétales comme source de pigments. Par exemple, l'huile de carthame est connue réduire le taux de cholestérol sanguin (Dajue et Mundel, 1996) et utilisée cliniquement pour le traitement de l'ostéoporose et le rhumatisme (Lee et *al.* 2002). Les fleurs de carthame sont utilisées pour le traitement des maladies cardiovasculaires et cérébrales (Gao et *al.* 2000). Malgré les bénéfices innombrables de cette plante, l'extension et la production de cette culture en Tunisie reste de loin satisfaisante.

Malgré l'intérêt économique et condimentaire du carthame, peu d'études ont concerné cette espèce en Tunisie, particulièrement son comportement agronomique face à la salinité. L'amélioration des performances agronomiques des cultures sous stress salin par la technique de priming a concerné plusieurs espèces végétales mais non ou peu sur cette plante. Malgré que le carthame soit une plante oléagineuse cultivée essentiellement pour son huile extraite des graines, et son huile essentielle et ses pigments extraits à partir des fleurs, il existe peu de travaux de recherche démontrant l'influence de la salinité sur la composition des métabolites secondaires (acides gras et huile essentielle) chez cette espèce (Harrathi et *al.* 2012). C'est pour cette raison, ce travail contribue à une meilleure connaissance de cette espèce à travers l'évaluation de son comportement agronomique sous stress salin.

Le présent travail de recherche s'inscrit dans le cadre d'études menées à l'Institut Supérieur Agronomique de Chott Mariem, et un stage de trois mois à l'Institut Leibniz de chimie bio-organique, Halle Saale en Allemagne sur les réponses physiologiques (germination, croissance et rendement en pétales, graines et huile), biochimiques (proline, protéines, chlorophylles), minérales (teneur en sodium, potassium, calcium) du carthame suite au traitement préalable, avant semis, des graines de carthame avec deux solutions osmotiques différentes de chlorure de sodium (NaCl) à une concentration de 5 g/l et durant 12 h (NaCl : 5 g/l, 12 h) et une solution de chlorure de potassium (KCl) à une concentration de 5 g/l durant 24 h (KCl: 5 g/l, 24 h). Les plantes issues des graines ayant subi le priming et celles issues des graines n'ayant reçu aucun traitement sont irriguées avec une eau à différents niveau de salinité induit par NaCl (0, 3, 6, 9 et 12 g/l).

L'organisation chronologique du travail est présentée dans le document de la thèse. En premier lieu, une étude bibliographique qui couvre les principaux thèmes abordés, entre autre une présentation générale de l'espèce étudiée (*Carthamus tinctorius* L) sur les plans morphologiques, physiologiques, biochimiques et agronomiques, l'effet de la salinité en agriculture et les méthodes d'adaptation à cette contrainte, puis une description détaillée de la technique de priming. En deuxième étape, on s'est orienté dans la partie méthodologique à déterminer la concentration et la durée optimale de priming avec NaCl et KCl. Une fois les paramètres optimaux de priming sont déterminés, les graines ainsi prétraitées avec NaCl (5 g/l, 12 h) et KCl (5 g/l, 24 h) sont mises à germer sous stress salin à des différentes concentrations de NaCl. Ensuite, on s'est orienté, à travers un essai en plein champs, à suivre le comportement agronomique (croissance et rendement) des plantes issues des graines ayant subi le priming avec NaCl et KCl, lors d'un essai au laboratoire, sous stress salin en irrigant la culture avec une eau à différents niveaux de salinité.

Par une approche méthodologique, on s'est orienté à comprendre les bases biochimiques et minéraux du priming par l'analyse de certaines solutés telle que (protéines, proline, chlorophylles...) et minéraux (potassium et calcium).

Le carthame est une culture industrielle cultivée essentiellement pour son huile extraite des graines et son huile essentielle à partir des pétales. L'effet de la salinité et de la technique de priming sur la variabilité des différents composants de l'huile et l'huile essentielle feront l'objet du dernier chapitre.

Enfin, le dernier volet de ce travail a pour objectif de discuter les principaux résultats observés et de tirer les conclusions appropriées. La conclusion générale clôture ce travail de thèse en tirant les perspectives appropriées.

Chapitre.I. SYNTHESE BIBLIOGRAPHIQUE

1. Aperçue général sur le carthame et sa culture

Selon Iserin (2001), le carthame (*Carthamus tinctorius* L.) possède un nombre de chromosome de 2n = 24, il est probablement originaire de l'Iran et du Nord-ouest de l'Inde. Il est aujourd'hui cultivé un peu partout dans le monde surtout dans les parties Ouest du 100ème Méridien. Traditionnellement, la culture du carthame s'étend sur une bande depuis la Méditerranée jusqu'à l'Océan Pacifique aux latitudes comprises entre 20°S et 40°N (Dajue et Mündel, 1996).

En Tunisie, le carthame est cultivé surtout dans les régions de Feriana, Testour, ElJem et Ksour Essef pour ses pétales comme épice et son huile contenue dans ses grains pour l'alimentation humaine (Pottier-Alapetite, 1981). Le nom *Carthamus* est un emprunt à l'arabe (Kartum) qui signifie « teindre » en raison des vertus tinctoriales des fleurs de la plante, semblables à celles du safran (*Crocus sativus* L.). *Carthamus tinctorius* L. est communément connu par le Carthame des teinturiers, le Safran des teinturiers, le Safran carthame, le Safran bâtard, le Faux-Safran, le Safran mexicain, 'Yellow Safflower' ou 'le Saffron thistle' et en arabe 'l'Usfur'. La nomenclature de cette plante est en 57 langues (Tableau 1.1).

Le genre *Carthamus* comprend environ une vingtaine d'espèces annuelles et vivaces, originaires de l'Asie en zone tempérée, de l'Europe centrale, du sud de l'Europe et du pourtour méditerranéen (Lagha, 2008). Parmi les 20 espèces de carthame, seulement *Carthamus tinctorius* L. est la seule espèce de carthame cultivée dans le monde, contenant 12 paires de chromosomes (Ashri and Knowles, 1960; Kumar et al. 1981). La classification des espèces de carthame est basée sur le nombre de paire de chromosome, il existe ainsi quatre classes : 2n = 20, 24, 44 et 64 (Tableau 1.2) (Ashri and Knowles, 1960).

2. Morphologie de la plante

Selon Duke (1983), Boukef (1986) et Dajue et Mündel (1996), le carthame est une plante herbacée annuelle à tige ligneuse ramifiée. La tige principale est droite, glabre, érigée, épaisse à la base, pouvant atteindre une hauteur de 60 à 150 cm. Les feuilles sont de couleur verte foncée, glabres, engainantes, alternes, oblongues et lancéolées à marge parfois dentée et épineuse. La taille des feuilles varie selon les variétés de 2.5 à 5 cm de largeur et de 10 à 15 cm de longueur. Le système racinaire se compose d'une vigoureuse racine principale à partir de laquelle se forment des racines secondaires horizontales.

Tableau 1.1. Les différents noms du carthame dans le monde (Li et Mundel, 1996).

Pays	Nom commun	Références
Afghanistan	Muswar, Maswarah	Knowles 1959
	Kajireh	Knowles 1959
	Kariza	Knowles 1959
La Jordanie, Syrie, Egypt) Bangladesh, Chine	Qurtum, Gurtum, Osfur, Asper Kurtum, Usfar Kusum, Kusumppuli Honghua, Grass safflower, Yuan Guobi Compositae safflower, safflower, Chuan safflower, Du safflower	Knowles 1959 Chavan 1961 Chavan 1961 Huai et al. 1989
Ethiopie	Suff	Smith, 1996
France	Le carthame	
Allemagne	Saflor, Färberdistel	
Inde	Jafran	Chavan, 1961
	Kusumba	Knowles, 1959
	Kusumbo	Chavan, 1961
	Kusum Karrah	Chavan, 1961
	Kusuma	Knowles, 1959
	Kusumbe, Kusume	Chavan 1961
	Hubulkhurtum ('seed of safflower')	Knowles 1959
	Kardai, Kardi	Chavan 1961
	Kasumba	Chavan 1961
	Pavari	Chavan 1961
	Sendurakam	Chavan 1961
	Kushumba	Chavan 1961
Iran	Golbar aftab	Knowles 1959
	Koshe, Kousheh, Kafsha Kafshe	Knowles 1959
	Kajireh, Golzardu	Knowles 1959
	Kajena goli, Khardam	Knowles 1959
	Khasdonah, Laba torbak	Knowles 1959
	Zafaran-Golu	Knowles 1959
Italie	Cartama	
Japan	Benibana, Benihana	Smith 1996
Amerique Latine	Cartamó, Azafrancillo	Smith 1996
Pakistan	Kusumba	Knowles 1959
Espagne	Alazor, Azafran romí	Knowles 1959
Turkie	Aspir, Dikken Kazhira Chavan 1961	Knowles 1959

Tableau 1.2: Classification des espèces de carthame selon le nombre de paire de chromosome (Ashri and Knowles, 1960).

Classe de carthame	Espèces correspondantes
2n = 24	*Carthamus tinctorius* *Carthamus palaestinus* *Carthamus oxyacantha* *Carthamus arborescens*
2n = 20	*Carthamus alexandrinus* *Carthamus glaucus* *Carthamus syriacus* *Carthamus tenuis* *Carthamus boissier,* *Carthamus dentatus* *Carthamus leucocaulos* *Carthamus glaucus* *Carthamus ambiguus* *Carthamus nitidus* *Carthamus rechingeri* *Carthamus ruber* *Carthamus sartori*
2n = 44	*Carthamus lanatus*
2n = 64	*Carthamus baeticus* *Carthamus turkestanicus*

La racine principale pénètre profondément dans le sol allant jusqu'à 200 à 300 cm. Les capitules, portés par la tige principale et ses ramifications, sont solitaires, terminaux et entourés des bractées externes foliacées, ils sont épineux avec des nervures fortement marquées. Ces capitules se composent de fleurons qui sont tous tubulés, à lobes profonds, hermaphrodites, jaunes, orangés, rouges ou blancs (rarement). Une plante de carthame peut produire de 15 à 175 capitules floraux de diamètre 2.5 à 3.7 cm (Li et Mundel, 1996). Les grains sont des akènes tétraédriques, tronqués au sommet, brillants, blancs ou brunâtres, rayés de gris, de brun ou de noir, avec ou sans Pappus. Chaque capitule peut produire 20 à 100 akènes, de longueur 6 à 7 mm, chaque fleuron produit potentiellement un seul grain (Fig. 1.1) (Li et Mundel, 1996).

3. Physiologie de la plante

La germination des grains de carthame peut avoir lieu même à des basses températures, 2 à 5 °C (Dajue et Mündel, 1996). A 20 °C, la germination se fait en 8 jours (Lagha, 2008). La germination est suivie par le stade rosette durant lequel plusieurs feuilles sont produites près de la surface du sol et un système racinaire profond est développé

(Emongor, 2010). Le stade rosette peut prendre entre 20 et 40 jours selon les pratiques culturales, la température et la photopériode (Weiss, 1971). Au stade végétatif, la plante peut tolérer le froid (-7 °C), la chaleur (+ 40°C) et la sècheresse. Mais, elle tolère une salinité modérée (Dajue et Mündel, 1996; Bassil et Kaffka, 2002) et un pH de 5.4 à 8.2 (Duke, 1983). Après le stade rosette, la tige s'allonge rapidement avec formation des branches. Chaque branche de carthame se termine par un capitule globulaire portant les fleurons. Le carthame est une plante de jours longs, nécessitant une photopériode de 14 h, elle est allogame ce qui oblige la pollinisation de ces fleurons par les insectes, principalement les abeilles (Dajue et Mündel, 1996). La floraison, débutant par le capitule primaire, puis les capitules secondaires, peut durer 4 à 5 semaines selon les techniques culturales et les conditions climatiques. Dans le capitule, la formation des fleurons est centripète (Dajue et Mündel, 1996).

4. Biochimie de la plante

Chez la plante de carthame, le grain, le fleuron et la feuille sont les trois principales sources d'huiles. Le fleuron possède deux substances ou pigments, une substance rouge (0.3 à 0.6%), appelée la carthamine ($C_{21}H_{22}O_{11}$ H_2O) qui est insoluble dans l'eau et une substance jaune, appelée la carthamidine ($C_{16}H_{20}O_{11}$) qui est soluble dans l'eau (Duke, 1983).

En plus, selon Lagha (2008), des analyses biochimiques de l'huile essentielle des pétales, feuilles et grains de carthame, cultivé à Chott Mariem en plein air, ont montré que cette huile se compose de plusieurs molécules biochimiques, elles sont au nombre de 16 (Tableau 1.3). Toutefois, en terme de pourcentage, certaines molécules sont dominantes au niveau de chaque organe, en effet, pour les pétales, il ya quatre molécules : le Thymoquinone (38.42%), l'hexadécanoate d'éthyle (18.35%), l'γ-cadinène (13.37%) et le Tricyclène (8.98%); pour les feuilles, il ya 4 molécules : le Nonadécane (13.33%), le Cadaline (12.32%) le Thymoquinone (11.77%) et le Thymol (8.94%) et pour les grains, il ya 4 molécules : l'(E)-2-dodécenal (16.97%), le germacrène D (10.91%), le Linalol (7.90%), l'α-terpinéol (7.59%). D'après Lagha (2008), la majorité des constituants de l'huile essentielle extraite à partir des pétales sont des mono-terpènes oxygénés dont le thymoquinone est le composé majeur avec un pourcentage de 38.42%.

La fraction formée par les esters est représentée par l'hexadécanoate d'éthyle avec un pourcentage de 18.35% et un taux de 3.56% d'aldéhydes formé par le (E)-2-dodécenal. Les analyses effectuées par Nagaraj et *al.* (2001) ont révélé que les pétales de carthame contiennent environ 0,83% de pigment rouge, 5% d'huile, 1,9% de protéines, 10,4% de cendre, 12,2% de fibres. De même, l'huile des pétales contient des acides gras à chaîne courte

(C10, C12 et C14), l'acide gamma-linolénique ($C_{18}H_{30}O_2$) ainsi que des acides gras tels que l'acide palmitique ($C_{16}H_{32}O_2$), stéarique ($C_{18}H_{36}O_2$), oléique ($C_{18}H_{34}O_2$) et les acides alpha-linolénique ($C_{18}H_{30}O_2$). De même, les pétales sont riches en Calcium (530 mg/100 g), Magnésium (287 mg/100 g) et Fer (7,3 mg/100 g) avec des niveaux inférieurs de Cuivre, Zinc et Manganèse.

Pour l'huile essentielle des feuilles du carthame, les constituants majeurs sont des monoterpènes oxygénés où le thymoquinone et le thymol représentent respectivement 11.77% et 8.94%. Quand aux constituants de l'huile essentielle des grains, les composants majoritaires sont des sesquiterpènes : l'aldéhyde (E)-2-dodécenal est le composé majeur avec un pourcentage de 16.97%, le germacrène D et le γ-cadinène avec des taux respectivement de 10.91 % et 5.33 %.

Le grain, de poids variant de 0.030 à 0.045 g, est composé de 40 à 67% d'amande, et de 33 à 60% de coque, elle contient 20 à 45% d'huile (Dajue et Mundel, 1996). Dans 100 g de grains, il y a 482 calories, 4.8 g d'eau, 13 g de protéines, 28 g de lipides, 50 g de glucides, 25 g de fibres, 4 g de cendres, 126 mg de calcium, 310 mg de phosphore, 10 mg de fer, 0.6 mg de thiamine, 0.14 mg de riboflavine et 0.5 mg de niacine (Duke, 1983). L'huile de carthame est composée de 70% d'acide linoléique, 1.5% d'acide myristique (avec l'acide laurique et les acides faibles), 3 % d'acide palmitique, 1% d'acide stéarique, 0.5% d'acide arachidique (avec des traces d'acide lignocérique), 33% d'acide oléique et 61% d'acide linoléique (Duke, 1983; Velasco et Fernandez-Martinez, 2001). Sept dérivés antioxydants de sérotonine sont isolés de l'huile (Zhang et al. 1997).

5. Techniques culturales

La culture de carthame exige des sols à pH variant entre 5,4 et 8,2 et à texture limono-sableuse (région du sahel) ou argileuse drainante (Nord-Ouest). La quantité d'eau (précipitations + irrigation) doit être comprise entre 300 et 400 mm/an. Il préfère des climats secs et chauds et peut être cultivé à des altitudes allant jusqu'à 2000 m (Knowles 1959).

La parcelle de culture doit être obligatoirement protégée contre le vent dominant, pour éviter la verse de la plante, sinon, la qualité des pétales est affectée dès que le capitule touche la terre et la récolte (manuelle pour les pétales ou mécanique pour les grains) devient difficile. Dès que la température du sol dépasse 2 °C, les grains peuvent être semés dans le sol à une profondeur de 3 à 5 cm ; le semis se fait en lignes espacées entre elles de 30 à 50 cm, sur la même ligne, les grains sont réparties tous les 30 cm, soit une densité de peuplement de 66667 plantes/ha. La quantité de semences est de 25 à 30 kg/ha. L'émergence des plantules se fait après une à trois semaines (Duke, 1983). La floraison se fait au printemps (Mars-Avril), la récolte des pétales se fait 100 à 150 jours après semis et la récolte des grains 200 jours après semis (Duke, 1983). En conditions pédoclimatiques de la région de Chott-Mariem, (Sousse), le semis se fait en novembre, la floraison débute la première semaine de mai et prend fin la première semaine de juin, soit une durée de 33 jours, la récolte est faite à la main le matin en 7 passages (ou 7 récoltes) tous les cinq jours en moyenne (Fig. 1.2).

En effet, la floraison des capitules est décalée entre les plantes et entre les capitules de la même plante d'où l'obligation de faire plusieurs passage chez la même plante. Le rendement en matière fraîche des pétales est environ de 2000 kg/ha (Dajue et Mundel, 1996). Après séchage à l'ombre, le rendement en matière sèche des pétales est de 500 kg/ha, soit à peu près ¼ du rendement en pétales frais (Dajue et Mundel, 1996). La récolte des grains a lieu après la cueillette des pétales, mais tout retard, les capitules sont vidées des grains par les oiseaux. Le rendement en grains est de 10 t/ha.

Tableau 1.3. Composition de l'huile essentielle des pétales, feuilles et grains de carthame, cultivé dans la région de Chott-Mariem (Lagha, 2008).

Composés	Pétales	Feuilles	Grains
Tricyclène	8.98	0.66	5.91
Linalol	-	-	7.90
terpinène-4-ol	-	-	4.02
germacrène D	-	-	10.91
α-terpinéol	-	-	7.59
γ-cadinène	13.37	1.41	5.33
Géraniol	1.23	1.92	3.35
(E)-2-dodécenal	3.56	0.95	16.97
Nonadécane	0.49	13.33	0.94
Thymol	1.23	8.94	0.93
Carvacrol	0.27	2.66	0.45
2-pentadécanone	1.59	3.25	1.25
Thymoquinone	38.42	11.77	5.78
méthyl-eugénol	1.60	3.30	0.87
hexadécanoate d'éthyle	18.35	8.56	2.54
Cadaline	1.04	12.32	2.47

Planche.1.1. Morphologie de la plante du carthame
A: Plante au stade rosette; **B**: akènes avec ou sans Pappus; **C**: Racine pivotante; **D**: Feuilles à limbe simple; **E**: Capitules de différentes couleurs; **F**: Capitule composé de plusieurs fleurs; **G**: Culture des plantes en pleine floraison (Lagha, 2008)

Fig. 1.2. Parcelle de culture de carthame à l'exploitation agricole de l'ISA de Chott-Mariem (Lagha, 2008).

6. Maladies de la culture

Les précipitations excessives durant la phase de floraison causent des maladies des feuilles et des fleurs réduisant ainsi le rendement (Kolte, 1985). La plante est aussi sensible à la maladie de la brulure des feuilles causée par le champignon *Alternaria carthami* (Fig. 1.3). Cette maladie s'aggrave lorsque les précipitations s'accentuent durant les dernières phases de maturation (Emongor, 2010). D'autres maladies foliaires sont causées par d'autres champignons comme le *Botrytis cinerea*, *Cercospora carthami*, *Pseudomonas syringae*, *Puccinia carthami* (Mundel et *al.* 1992). Le carthame est aussi affecté par la pourriture des racines causée par *Phytophtora*, *Fusarium oxysporum* et *Verticillium dahliae* (Emongor, 2010). L'insecte ravageur de la culture est la mouche de carthame (*Acanthiophilus helianthi*) (Mundel et *al.* 1992).

7. Fertilisation du carthame

Le rendement en grains du carthame est affecté par les pratiques culturales (Siddiqui et Oad, 2006; Nikabadi et *al.* 2008), le cultivar (Mahasi et *al.* 2006; Arslan, 2007) et les conditions climatiques (Kolte, 1985; Abdulahi et *al.* 2007).

La fertilisation du carthame est un élément clé pour la réussite de la culture. Selon Bergman (1979), l'application d'engrais est basée essentiellement sur le type de sol : en effet, pour les sols à texture grossière tous les engrais peuvent être appliqués avant le semis. Sur les sols à texture lourde, environ la moitié d'azote peut être appliqué avant le semis, l'autre moitié durant la phase d'élongation. Environ 18 kg N/ha est nécessaire pour chaque kg/ha de semences, cependant, les apports excessives d'azote peuvent entraîner le feuillage excessif diminuant ainsi le rendement en grains et en qualité (Dahnke, 1990). Siddiqui et Oad (2006) ont rapporté que l'application de 120 kg N ha^{-1} augmente de manière significative le nombre de branches, le nombre de grains par capitules, la hauteur de la plante et le rendement en grains mais il retarde la maturité. Le tableau 1.4 présente les demandes (en Kg/ha) de la culture de carthame en éléments majeurs : l'azote (N), le phosphore (P_2O_5) et le potassium (K_2O) selon le rendement en grains souhaité.

Fig 1.3. Maladie de brulure des feuilles causée par *Alternaria carthami* (Li et Mundel, 1996)

Tableau 1.4. Demande de carthame en éléments minéraux selon le rendement

Rendement en grains (Kg/ha)	Source	Kg/ha		
		N	P_2O_5	K_2O
1610 kg/ha	Halvorson et Black (1985)	68	-	-
1800 kg/ha	Thorup (1984)	91	23	68
2200 kg/ha	Singh et Singh (1980)	77	40	63

8. Différents usages de la plante

La plante de carthame est utilisée essentiellement pour ses pétales et ses grains qui sont riches en huiles, utilisées pour des usages médicinaux, pharmaceutiques, alimentaires et industriels.

8.1. Usages médicinaux

En médecine traditionnelle chinoise, les pétales du carthame sont utilisés comme stimulant de la circulation sanguine et entre dans la fabrication de plusieurs médicaments traditionnels. Les grains du carthame broyées et mélangées avec l'huile de Moutard peuvent réduire les maux de rhumatisme (Knowles, 1965). L'huile de carthame extraite des grains est utilisée comme anti-inflammatoire en application locale. Une attention particulière a été apportée à cette huile comme un excellent produit de soin et de santé, car elle est efficace pour le traitement de l'hypertension, l'artériosclérose, les maladies coronariennes (Lu et *al.*

2004). En chine, la plante est cultivée essentiellement pour ses fleurs qui sont utilisées dans le traitement de plusieurs maladies. Les pétales sont riches en matière active (carthamidine, $C_{16}H_{20}O_{11}$) de couleur jaune, soluble dans l'eau, elle est la plus utilisée en médecine, contre les problèmes menstruels et les maladies cardiovasculaires. De l'autre coté, les pétales sont utilisés en médecine traditionnelle pour le traitement des maladies cardiovasculaires et cérébrales (Gao et *al*. 2000). En effet, les extraits des pétales de carthame ont des propriétés anti-oxydantes, antibactériennes, anti-inflammatoires, anti-dépérissantes et anti-tumeurs (Hiramatsu et *al*. 2009). Ils sont considérés comme une source de pigments naturels rouge et jaune utilisés comme alternative au safran (*Crocus sativus* L.).

Un thé fait à partir de feuillage de carthame est utilisé pour prévenir l'avortement et la stérilité chez les femmes en Afghanistan et en Inde (Weiss, 1983). Toutes les parties de la plante sont vendus par les herboristes en Inde et au Pakistan en tant que remède de diverses maladies et comme aphrodisiaque (Knowles, 1965).

Le carthame dilate les artères, réduit l'hypertension et augmente le débit sanguin et, par conséquent, l'oxygénation des tissus. Il inhibe également la formation des thrombus et avec d'autres herbes, il est utilisé dans le traitement de nombreuses maladies (Wang Guishen, 1985). Le traitement des maladies cardiovasculaires est la principale utilisation de carthame, car il tonifie la circulation. Dans 83% des patients atteints de maladie coronarienne, le niveau de cholestérol sanguin a été réduit après 6 semaines de traitement (Wang et Li, 1985). Le traitement de la thrombose cérébrale avec le carthame améliorée et réduit la pression sanguine dans plus de 90% des patients (Wang et Li, 1985; Yu Damao, 1987). La Décoction de plantes, y compris celles de carthame, étaient également efficaces dans le traitement des embolies cérébraux (Zhou, 1992).

La décoction de carthame a été utilisée avec succès pour le traitement de la stérilité masculine (Qin Yuehao, 1990) et l'excès de spermatozoïdes morts (Qu Chun, 1990). Le traitement avec le carthame a abouti à une grossesse chez 56 des 77 femmes stériles qui avaient été stériles pendant 1,5-10 ans (Zhou Wenyu, 1986). Le carthame, avec d'autres herbes, a été utilisé pour traiter les maladies respiratoires y compris la bronchite chronique (Wang et Li, 1985).

8.2. Usages alimentaires

L'huile de carthame est riche en acide gras mono-insaturées (acide oléique) et acide gras polyinsaturées (acide linoléique) (Dajue et Mundel, 1996). Les pétales de carthame sont riches en pigments naturels (carthamine et carthamidine) utilisés essentiellement dans la pigmentation des aliments (Fig. 1.4). L'addition des fleurs de cette plante au repas est l'une des traditions les plus anciennes. En Iran, une patte des grains de carthame est utilisée pour favoriser la formation du fromage (Knowles, 1965). En Chine, un thé est préparé à partir des pétales de carthame (Li et Han, 1993).

Partout dans le monde, le carthame est principalement cultivé pour son huile comestible pour la cuisson, l'huile de salade et la margarine. Les études de recherches relatifs à la santé ont montré que l'huile de carthame a le plus haut ratio en acides gras polyinsaturés/ acides gras saturés parmi les huiles végétales. Sa valeur nutritionnelle est proche de l'huile d'olive, avec des niveaux élevés d'acide linoléique et acide oléique, mais beaucoup moins coûteux. Les acides gras polyinsaturés sont associés à l'abaissement de cholestérol dans le sang. En outre, les acides gras mono-insaturés tels que l'acide oléique ont tendance à abaisser les taux sanguins du cholestérol LDL («mauvais» cholestérol) sans affecter HDL («bon» cholestérol) (Smith, 1996). L'huile de carthame est stable et sa consistance ne change pas à de basses températures, ce qui lui rend particulièrement appropriés pour une utilisation dans les aliments réfrigérés. Cette huile est pulvérisé sur de divers produits alimentaires pour prévenir d'absorber ou perdre de l'eau, et donc prolonge leur durée de vie (Kleingarten 1993).

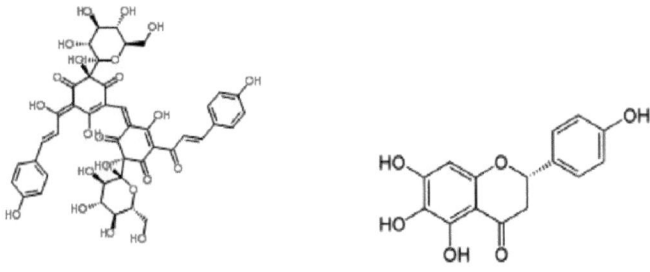

A: Carthamine   B: Carthamidine

Fig 1.4: Structures moléculaires des principaux pigments de la fleur de carthame: A. Carthamine ; B. Carthamidine

8.3. Usages fourragers

Le carthame peut être utilisé comme ensilage pour l'alimentation des animaux (Bar-Tall et al. 2008). En effet, le carthame a une valeur alimentaire assez bonne et son rendement fourrager est similaire ou supérieure à l'avoine ou la luzerne (Smith, 1996; Wichman 1996).

Les résidus qui restent après l'extraction de l'huile des grains sont utilisés pour l'alimentation animale. Les teneurs en matières grasses dans les résidus varient selon le procédé d'extraction, elles sont de l'ordre de 2% à 15% et les protéines brutes varient de 20 à 25%. Ce résidu est approprié pour l'alimentation des animaux monogastriques tels que les volailles (Smith, 1996). Les grains de carthame sont aussi utilisés comme nourriture pour les oiseaux en cage (Ekin, 2005).

8.4. Usages industrielles

Le carthame sert depuis des millénaires comme colorant (carthamine) pour les tissus, l'huile très fluide rentre dans la composition des peintures industrielles. L'industrie cosmétologique en est une grande consommatrice pour élaborer des crèmes dermatologiques, shampooings, démaquillants, rouge à lèvres. L'huile de carthame riche en acide gras linoléique est utilisée en grande partie dans l'industrie de la peinture. Dans l'industrie textile, les pétales séchés du carthame sont utilisés dans la fabrication des colorants naturels.

Le pigment jaune soluble dans l'eau, carthamidine, et le pigment rouge insoluble dans l'eau et facilement soluble dans un solvant, carthamine, peuvent être obtenu à partir des fleurons de carthame (Weiss, 1983). Pendant des siècles, le carthame était cultivé pour sa teinture. Les fleurs sont recueillies en début de matinée et séchées à l'ombre. Les fleurons contiennent en moyenne 0,3-0,6 % de carthamine. Pour faire la coloration de 1 kg de fil de coton rouge, il faut avoir 1 kg de colorant (Weiss 1971).

9. Comportement des plantes soumises au stress salin et solutions agronomiques

La salinité des eaux d'irrigation et du sol est un problème majeur en agriculture dans les régions arides et semi-aride du monde ou les précipitations sont insuffisantes; elle est considérée comme un facteur majeur de réduction de la productivité agricole (Shannon, 1986; François et Maas, 1994; Ashraf, 2001). Selon FAO (1997), un sol est considéré salin si sa conductivité électrique (CE) est de l'ordre de 4 dS m^{-1} (2.8 g/l) ou plus; et les sols dont la conductivité électrique est au delà de 15 dS m^{-1} (10.5 g/l) sont considérés comme très salins. Les cations associés à la salinité sont Na$^+$, Mg^{2+} et Ca^{2+}, les ions associés à la salinité sont Cl$^-$, SO$_4^{2-}$ et HCO$_3^-$. Cependant, les ions Na$^+$ et Cl$^-$ sont considérés comme les plus importants et les plus nocifs puisque Na$^+$ cause la détérioration de la structure physique du sol et les ions Na$^+$ et Cl$^-$ sont considérés toxiques pour la plante (Dudley, 1994 ; Hasegawa et al. 2000). Fisher et Turner (1978) estiment que les terres affectées par la salinité représentent environ 40% de la surface des terres agricoles dans le monde. Par conséquent, l'utilisation efficace des eaux salées pour la production durable des cultures est un défi qui doit être pris en considération et nécessite des mesures préventives plus complexes que lorsque l'eau utilisée est de bonne qualité (Hamdy, 1996).

Face à l'augmentation de la population mondiale, il y a une compétition pour les eaux fraiches entre les secteurs de l'agriculture, de l'industrie et municipales dans différentes régions du monde ; une des conséquences de cette concurrence est la réduction d'apport d'eau fraiche en agriculture (Tilman et *al.* 2002). Rhoades et *al.* (1992) a prévu que ce phénomène va s'intensifier de plus en plus dans les années à venir, principalement dans les régions semi-arides et arides ou la population est en croissance continue; c'est pour cette raison qu'il existe une pression croissante pour irriguer avec une eau de salinité acceptable.

En Tunisie, les sols affectés par les sels couvrent environ 1,5 million d'hectares, soit à peu près 10% de la surface du pays. On les rencontre dans l'ensemble du territoire mais c'est surtout dans le centre et le Sud que l'aridité du climat cause leur extension (Hachicha et *al.* 1994). Selon Carvajal et *al.* (1999), Yeo (1998), Grattan et Grieve (1999), l'effet direct de la salinité sur la croissance de la plante est perceptible au niveau du sol par une réduction de la pression osmotique dans la solution du sol ce qui réduit l'eau disponible pour la plante, une détérioration de la structure physique du sol se traduisant par une diminution de sa perméabilité et son aération et une augmentation de la concentration de certains ions qui ont un effet négatif sur le métabolisme de la plante. Généralement, la mauvaise qualité des eaux d'irrigation utilisées en agriculture et particulièrement leur salinité élevée est l'une des causes de perte du rendement (Szabolcs, 1992).

10. Effets de la salinité sur les plantes

Selon Dubey (1997), la salinité a, à la fois, un effet osmotique et un effet ionique sur la plante. La plupart des réponses au stress salin sont liées à ces deux effets. La réponse générale des plantes à la salinité est la réduction de la croissance des plantes (Romero-Aranda et *al.* 2001; Ghoulam et *al.* 2002).

L'effet primaire de la salinité, particulièrement à des concentrations faibles ou modérés est due à ses effets osmotiques (Muns et Termaat, 1986; Jacoby, 1994). L'effet osmotique de la salinité sur les plantes est le résultat de la réduction du potentiel osmotique de l'eau dans le sol due à l'augmentation de la concentration des solutés au niveau de la zone racinaire; en effet, cette condition interfère avec la capacité de la plante à extraire l'eau à partir du sol et maintenir sa turgescence. Cependant, à un potentiel d'eau élevé au niveau du sol, les plantes ajustent osmotiquement par l'accumulation des solutés afin de permettre l'afflux de l'eau (Guerrier, 1996). Sous cette condition, la croissance de la plante est modérément affectée (Shannon, 1984). A des niveaux de salinité élevés, des symptômes spécifiques sont reconnus au niveau de la plante telle que la nécrose et la brulure des feuilles due aux ions Na^+ et Cl^-

(Wahome et al. 2001). Les concentrations ioniques élevées peuvent perturber la fonction de la membrane et son intégrité, interfèrent avec la balance interne des solutés causant une déficience nutritionnelle (Grattan et Grieve, 1999). Le sodium (Na^+) et le chlorure (Cl^-) sont les ions les plus répandues dans les sols et les eaux salés et sont les plus nocifs du point de vue toxicité ionique (Levitt, 1980). Le degré par lequel la croissance de la plante est réduite par la salinité diffère selon les espèces et les variétés (Boularin et al. 1991). L'accumulation des sels au niveau des feuilles induit la sénescence prématurée des feuilles réduisant l'apport des assimilât vers les parties en croissance réduisant ainsi la croissance de la plante (Munns et al. 1995). Pour les variétés sensibles à la salinité, les feuilles meurent rapidement car elles sont incapables de compartimenter le sel au niveau des vacuoles au même degré que les variétés tolérantes (Munns, 1993).

10.1. Croissance végétative

Selon Sohan et al. (1991) et Romero-Aranda et al. (2001), l'augmentation de la concentration du sel au niveau des racines réduit le potentiel de l'eau au niveau des feuilles et affecte plusieurs processus métaboliques au niveau de la plante. Cette condition inhibe la plante d'absorber l'eau et de maintenir sa turgescence (Sohan et al. 1991).

Plusieurs auteurs ont montré que le potentiel osmotique des plantes deviennent de plus en plus négatif avec l'augmentation de la salinité (Meloni et al. 2001; Gulzar et al. 2003). De même, des concentrations intracellulaires élevées de Na^+ et Cl^- peuvent inhiber le métabolisme de la division et l'expansion des cellules (Neumann, 1997), ce qui retarde la croissance des plantes. Younis et al. (2008) ont rapporté que la salinité conduit à une réduction de la croissance des plantes. Ashraf et Urooj (2006) ont reporté que la salinité induit la réduction de la croissance et de l'évolution des plantes en perturbant la pression osmotique au niveau des racines entraînant une réduction de l'absorption de l'eau et des perturbations dans les processus métaboliques et physiologiques de la plante.

Chez les feuilles d'épinard, la salinité réduit l'espace intercellulaire (Delfine et al. 1998), par contre, chez les plantes de tomate, la salinité induit une réduction des stomates (Romero-Aranda et al. 2001).

10.2. Photosynthèse

La croissance des plantes est dépendante de la photosynthèse et par conséquent, la salinité affecte ce métabolisme (Salisbury et Ross, 1992; Taiz et Zeiger, 1998). Plusieurs auteurs ont montré que la capacité photosynthétique de plusieurs plantes est inhibée par la salinité (Dubey, 1997; Ashraf, 2001; Kao et al. 2003). Sous stress salin, la diminution de la photosynthèse entraine la perte de rendement chez plusieurs espèces telles que le genre *Gossipium hirsutum* (Pettigrew et Meredith, 1994) et *Asparagus officinalis* (Faville et *al*. 1999). Fisarakis et *al*. (2001) ont montré que la diminution de la croissance végétative chez les plantes soumises au stress salin est associée à une inhibition de la photosynthèse. Iyengar et Reddy (1996) ont attribué la diminution de l'activité photosynthétique en conséquence de la salinité à certains facteurs qui sont:

(1) Déshydratation de la membrane cellulaire ce qui réduit sa perméabilité au CO_2. Une concentration élevée du sel dans le sol et l'eau crée une pression osmotique élevée réduisant la disponibilité de l'eau pour les plantes. La diminution du potentiel d'eau cause un stress osmotique inactivant le transport d'électron photosynthétique par la diminution de l'espace intercellulaire.

(2) Toxicité saline causée par les ions Na^+ et Cl^-. Selon Banuls et *al*. (1990), Cl^- inhibe l'activité photosynthétique par l'inhibition de l'absorption du nitrate par les racines. Fisarakis et *al*. (2001) ont montré que l'absorption du nitrate chez les vignes a été diminuée suite à un stress salin et cette réduction est corrélée à une réduction de l'activité photosynthétique.

(3) Réduction de l'apport de CO_2 suite à la fermeture des stomates, même si cette fermeture minimise les pertes d'eau par transpiration, elle perturbe les systèmes de collecte de lumière par les chloroplastes et la conversion d'énergie altérant ainsi l'activité des chloroplastes (Brugnoli et Björkman, 1992).

10.3. Composition minérale

Les sels absorbés par les plantes stressées entrent en compétition avec d'autres ions utiles tels que K^+, Ca^{2+}, N et P résultant ainsi dans un désordre nutritionnel réduisant ainsi le rendement (Grattan et Grieve, 1999; Tester et Davenport, 2003). L'augmentation de la concentration de NaCl induit une augmentation des ions Na^+ et Cl^- et une diminution de celle de Ca^{2+}, K^+ et Mg^{2+} dans plusieurs plantes (Perez-Afocea et *al*. 1996 ; Khan et *al*. 2000; Bayuelo-Jimenez et *al*. 2003). En effet, Ghoulam et *al*. (2002) ont observé une augmentation de la concentration des ions Na^+ et Cl^- dans les feuilles et racines de betterave sucrière suite à l'augmentation du sel au niveau racinaire, par contre, celle de K^+ et Ca^{2+} diminue.

En condition de stress salin, l'absorption et l'accumulation de l'azote chez les plantes sont affectées (Pardossi et *al*. 1999 ; Silveira et *al*. 2001). En effet, une augmentation de la concentration et de l'accumulation des ions Cl^- était accompagnée, chez les plantes d'aubergine, par une diminution de la concentration de l'ion nitrate (NO_3^-) (Savvaz et Lenz, 1996). Cette réduction est attribuée à l'effet antagoniste de l'ion Cl^- à l'ion NO_3^- (Bar et *al*.

1997). Kafkafi et al. (1992) ont montré que les variétés de tomate et de melon tolérants la salinité ont un taux d'absorption d'ion NO_3^- plus élevé que les variétés sensibles. La salinité a un effet inhibiteur sur l'absorption de certains éléments minéraux par la plante, cela résulte de l'effet de la salinité sur la disponibilité de certains éléments minéraux au niveau du sol (Villora et al. 1997). Sonneveld et Kreij (1999) ont montré que la salinité diminue la concentration de phosphate dans les tissues des plantes.

10.4. Ajustement osmotique

Une conséquence majeure du stress salin est la perte d'eau intracellulaire. Pour éviter cette perte d'eau de la cellule et protéger les protéines cellulaires, les plantes accumulent beaucoup de métabolites. Ces derniers ne perturbent pas les réactions métaboliques (Ford, 1984; Breesan et al. 1998). Ces métabolites sont principalement les sucres, le fructose et le saccharose, les sucres alcooliques et les sucres complexes comme le tréhalose et fructanes. D'autres métabolites tels que la glycine-bétaine et la proline sont également accumulés. L'accumulation de ces métabolites, facilitent l'ajustement osmotique (Delauney et Verma, 1993; McCue et Hanson, 1990). Ces composés organiques servent à l'ajustement osmotique en protégeant les structures cellulaires des dommages oxydatifs causés par les radicaux libres (Smirnoff, 1993). Ainsi, leur accumulation est souvent considérée comme une stratégie de base pour la protection et la survie des plantes soumises aux stress abiotiques tel que le stress salin (Shabala et Cuin, 2006). Si la concentration de ces osmo-régulateurs est faible dans le cytoplasme des cellules, il y a une production élevée de radicaux libres d'oxygènes qui peuvent sérieusement perturber les acides nucléiques (Bandeoglu et al. 2004).

10.5. Teneur en métabolites secondaires (huile et huile essentielle)

Les métabolites secondaires, essentiellement les huiles et les huiles essentielles extraites à partir des plantes, sont des sources importantes d'investigation au niveau de chimie analytique pour la conception de nouveaux produits, c'est pourquoi une attention particulière croissante ne cesse de se focaliser sur ces métabolites (Nadia et al. 2013). Cependant, la composition de ces métabolites est affectée par plusieurs facteurs environnementaux tels que la salinité, la sécheresse, les pratiques culturales (Nadia et al. 2013). En effet, l'huile de carthame est affectée par plusieurs facteurs tels que le sol (Donway et Rakow, 1987), la variété et les techniques culturales (Nagaraj, 1993). La salinité affecte la composition en acide gras de plusieurs espèces aromatiques et médicinales telles que la sauge officinale et le carthame (Hamrouni et al. 2001; Boschin et al. 2008; Bettaieb et al. 2009) et causent également un changement dans le rendement et la composition des huiles essentielles de plusieurs plantes condimentaires telle que le basilic et le persil (Khalid, 2006; Petropoulos et al. 2008; Bettaieb et al. 2009). Sous contrainte saline, le rendement et la composition en huiles essentielles de plusieurs plantes condimentaires sont affectées. En effet, le stress salin réduit le rendement en huile essentielle des plantes de fenouil (*Foeniculum vulgare* L.) (Abd El-Wahab, 2006) et de la marjolaine (*Origanum majorana* L) (Baatour et al. 2010). Par contre, Baghalian et al. (2008) montrent que les composés majeurs de l'huile essentielle de la camomille (*Matricaria recutita* L.) subit une augmentation sous stress salin.

11. Tolérance à la salinité des plantes

Sacher et Staples (1984) ont défini la tolérance des plantes à la salinité comme leur capacité à se développer et compléter leurs cycles dans un substrat contenant des concentrations élevées de sel solubles. Dans ce cas, la plante doit satisfaire deux conditions : elle doit s'adapter osmotiquement et acquérir les éléments minéraux nécessaires à sa croissance. La sensibilité des plantes à la salinité dépend des facteurs environnementaux (Shannon et al. 1994), les espèces et les variétés (Ashraf, 2002) et le stade de développement de la plante (Vicente et al. 2004).

11.1. Effet des facteurs environnementaux

La capacité des plantes à tolérer le stress salin dépend des facteurs environnementaux tels que le sol, l'eau et les conditions climatiques (Shannon et al. 1994). Les cultures sont moins tolérantes à la salinité si elles sont cultivées en conditions de sécheresse et températures élevées qu'en conditions de températures faibles et humidité (Maas et Hoffman, 1977). En condition de température élevée et faible humidité, le rendement des cultures diminue plus rapidement en condition de stress salin que si les cultures sont cultivées en condition de faible températures et humidité élevée (Salim, 1989).

11.2. Effet du génotype

Les espèces sauvages des plantes sont généralement plus tolérantes à la salinité que les espèces cultivées et les variétés résistantes sont originaires des régions arides, côtières et des régions salines (Hester et al. 2001).

11.3. Effet du stade de développement des plantes

La réaction des plantes à la salinité dépend de leur stade de développement, chaque variété peut être tolérante à un stade et sensible à un autre stade (Vicente et al. 2004). Généralement, les stades de germination et les premières phases de croissance sont les stades les plus sensibles à la salinité pour la majorité des cultures affectant par la suite le rendement (Maas et

Poss, 1989; Vicente et al. 2004). Même si la salinité prolonge la germination et l'émergence, la plupart des cultures sont capables de germer à des niveaux de salinité élevés (Maas et Grieve, 1990). La tolérance des cultures durant la germination et les premières phases de croissance est d'une grande importance car l'adaptation à la salinité à ce stade est primordiale pour améliorer les performances agronomiques de l'espèce (Shannon, 1984).

12. Mécanismes de tolérance des plantes au stress salin

Plusieurs mécanismes contribuent à la tolérance des plantes au stress salin (Gorham, 1995). La résistance des plantes au stress salin peut être réalisée par les cellules végétales en évitant l'absorption des ions toxiques pour leurs croissances : c'est le phénomène d'évitement (Greenway et Munns, 1980). Parmi les phénomènes d'évitement on cite : l'exclusion du sel au niveau des racines, compartimentation du sel et sécrétion à partir de certaines organelles, stockage du sel dans les feuilles âgées (Hasegawa et al. 1986).

12.1. Accumulation sélective ou exclusion d'ions

Les cellules végétales des plantes ne peuvent pas tolérer des quantités importantes de sel dans le cytoplasme, ainsi, en condition de stress salin, elles limitent l'excès de sel dans les vacuoles ou compartimentent les ions dans différents tissues afin de faciliter leurs fonctions métaboliques (Iyengar et Reddy, 1996; Zhu, 2003).
En général, les mécanismes d'exclusion sont efficaces à des niveaux de salinité faibles ou modérés, cependant, l'accumulation des ions est le mécanisme principal utilisé par les halophytes (plantes tolérantes à la salinité) à des niveaux de salinité élevés en même temps que la compartimentation des ions au niveau des vacuoles (Jeschke, 1984). Les glycophytes (plantes sensibles à la salinité) limitent l'absorption de sodium ou transportent cet ion vers les tissus âgés (Cheeseman, 1988).
L'inclusion des ions au niveau du cytoplasme conduit à l'ajustement osmotique considéré comme un moyen important d'adaptation à la salinité (Guerrier, 1996). Selon Ghoulam et al. (2002), la betterave sucrière accumule plus d'ions inorganiques dans les feuilles en condition de culture sous stress salin. Des résultats similaires ont été reportés chez le riz (Lutts et al. 1996) et le sorgho (Colmer et al. 1996).

12.2. Accumulation de solutés organiques

La présence de sel dans le milieu de culture résulte dans l'accumulation de molécules à faible poids moléculaires n'interférant pas avec les réactions biochimiques de la cellule

(Hasegawa et *al.* 2000; Zhifang et Loescher, 2003). Ces solutés concernent principalement la proline, glycine-betaine et les polyphénols (Wang et Nii, 2000; Girija et *al.* 2002; Di Martino et *al.* 2003), ces solutés sont synthétisés afin de régler la pression osmotique au niveau de la cellule (Bray, 1993), stabiliser le photosystème II, protéger la structure des enzymes et des protéines et maintenir l'intégrité des membranes (Noiraud et *al.* 2001). La proline accumulée lors de stress salin agit dans l'ajustement osmotique de la cellule, dans la protection des enzymes et des membranes cellulaires et agit comme réservoir d'énergies et d'azotes pour l'utilisation durant le stress salin (Bandurska, 1993; Perez-Alfocea et *al.* 1993).

L'exposition au stress salin entraîne l'accumulation de composés azotés telle que les acides aminés, les protéines et les polyamines; leur accumulation est généralement en corrélation avec la tolérance au sel (Mansour, 2000). Par exemple, la teneur de la glycine-bétaïne a augmenté chez l'haricot vert (Sudhakar et *al.* 1993); l'amarante (Wang et Nii, 2000) et l'arachide (Girija et *al.* 2002) cultivés sous stress salin. Conformément à Sakamoto et *al.* (1998), l'accumulation de la glycine-bétaïne chez les plantes de riz est importante pour augmenter sa tolérance au sel. Ces composés ont un rôle important dans la protection des macromolécules cellulaires, le maintien d'un pH cellulaire, la détoxification cellulaire des radicaux libres.

D'autres solutés compatibles qui s'accumulent dans les plantes sous stress salin comprennent: les carbohydrates tels que les sucres (glucose, fructose, saccharose) et l'amidon (Parida et *al.* 2002; Kerepesi, 2000), leurs principales fonctions sont l'ajustement osmotique et le stockage du carbone.

12.3. Contrôle de l'absorption d'ions par les racines et leur transport vers les feuilles

Les plantes régulent l'équilibre ionique afin de maintenir un métabolisme normal. Par exemple, l'absorption et la translocation des ions toxiques tels que Na^+ et Cl^- sont limitées, et l'absorption des ions nécessaires tels que K^+ augmente (Zhu et *al.* 1993). Il a été démontré qu'un plus grand degré de la tolérance au sel chez les plantes est associé à une sélectivité d'absorption ionique de l'ion K^+ sur celui de Na^+ (Noble et Rogers, 1992; Achraf et O'Leary, 1996). Il a été a indiqué qu'une variété d'orge tolérante au sel a maintenu une pression cytosolique de sodium 10 fois inférieur à celui d'une variété plus sensible (Carden et *al.* 2003). L'utilisation de l'état ionique peut être utilisée pour définir la tolérance au sel de la plante (Ashraf et Khanum, 1997) et peut être exploitée comme un outil de sélection de cultivars tolérants à la salinité (Omielon et *al.* 1991).

12.4. Changements des processus photosynthétiques sous stress salin

La réduction des taux de photosynthèse chez les plantes sous stress salin est principalement due à la diminution du potentiel de l'eau. L'objectif principal de la tolérance au sel est, par conséquent, d'augmenter l'efficacité d'utilisation de l'eau sous stress salin. A cet effet, certaines plantes (*Mesembryanthemum crystallinum*) changent leur mode photosynthétique de plantes C3 aux plantes CAM (Cushman et *al.* 1989). Ce changement permet à la plante de réduire la perte d'eau par l'ouverture des stomates pendant la nuit. Chez certaines espèces tolérantes à la salinité telles que *Atriplex lentiformis*, il y a un changement photosynthétique de plante C3 aux plantes C4 en réponse à la salinité (Zhu et Meinzer, 1999). La différence entre les plantes C3 et C4 réside dans le nombre d'atomes de Carbonne de la première molécule organique formée lors de la fixation du CO_2 suite à la réaction de la photosynthèse (Martin D.L et Mazliak P., 1995).

12.5. Induction des enzymes de stress oxydatif par la salinité

Toutes les contraintes environnementales conduisent à la production de composés oxygénés réactifs qui causent des dommages oxydatifs au niveau des cellules végétales (Smirnoff, 1993; Schwanz et *al.* 1996). Les plantes possèdent des systèmes efficaces pour piéger les espèces actifs d'oxygène et protéger ainsi les cellules végétales contre les réactions d'oxydation destructives (Foyer et *al.* 1994). Dans ce cadre, les enzymes de stress oxydatif sont des éléments clés dans les mécanismes de défense. Garratt et *al.* (2002) ont énuméré quelques-unes de ces enzymes comme la catalase (CAT), glutathion réductase (GR), superoxyde dismutase (SOD) et glutathion-S-transférase (GST). Le superoxyde dismutase, par exemple, métabolise les radicaux oxygénés (O_2^-) pour les transformer en eau et oxygène protégeant ainsi les cellules contre les dommages des radicaux libres (Garratt et *al*, 2002). Les plantes ayant des niveaux élevés d'enzymes de stress oxydatifs ont été rapportées avoir une plus grande résistance à ces dommages oxydatifs (Spychalla et Desborough, 1990). Garratt et *al.* (2002) et Mittova et *al.* (2003) ont signalé une augmentation des activités des enzymes du stress oxydatif chez les plantes sous stress salin. Ils ont trouvé une corrélation entre les taux d'enzymes et la tolérance au sel. De nombreux changements ont été détectés dans les activités d'enzymes du stress oxydatif chez les plantes exposées à la salinité. L'activité de ces enzymes a augmenté sous stress salin dans des cultures de riz (Fadzilla et *al.* 1997), du blé (Meneguzzo et Navarilzzo, 1999) et de pois (Hernandez et *al.* 1999).

12.6. Induction d'hormones végétales par la salinité

Les niveaux d'hormones végétales telles que l'ABA (acide abscissique) et la cytokine augmentent avec les teneurs élevées de sel (Aldesuquy, 1998; Vaidyanathan et al. 1999). L'acide abscissique est responsable de l'altération des gènes sous stress salin. Ces gènes jouent un rôle important dans le mécanisme de la tolérance au sel chez le riz (Gupta et al. 1998). L'effet inhibiteur de NaCl sur la photosynthèse, la croissance et la translocation des assimilât a été atténué par l'ABA (Popova et al. 1995). Leung et Giraudat (1998) ont montré que l'ABA participe dans la phosphorylation des protéines, la modification des taux de calcium cytosolique et le pH. Chen et al. (2001) ont rapporté que l'augmentation de l'absorption de Ca^{2+} est associé à l'augmentation de taux de l'ABA sous stress salin et donc contribue au maintien de l'intégrité de la membrane, ce qui permet de réguler l'absorption des plantes sous des niveaux élevés de salinité. ABA permet de réduire les rejets d'éthylène et la chute des feuilles sous stress salin chez les agrumes probablement en diminuant l'accumulation d'ions Cl^- toxiques dans les feuilles (Gomezcadenas et al. 2002). D'autres hormones végétales, comme le jasmonate, jouent un rôle dans la tolérance au stress salin, cette hormone est considéré comme un médiateur biochimique dans les réactions de défense, de floraison, et de sénescence (Hilda et al. 2003). En effet, des niveaux élevés de jasmonate s'accumulent dans les cultivars de tomates tolérants au sel par rapport à ceux sensibles au sel (Hilda et al. 2003).

13. Techniques agronomiques atténuant le stress salin
13.1. Amélioration par la fertilisation

La salinité provoque un déséquilibre nutritionnel, réduisant par conséquent les concentrations des macroéléments (N, P, K et Ca) dans les tissus végétaux. Le moyen le plus direct pour avoir des concentrations de nutriments optimales au niveau de la plante seraient d'augmenter leurs concentrations dans la zone racinaire par des apports appropriés d'engrais. De nombreuses études ont montré que le stress salin peut être atténué par un apport accru de calcium dans le milieu de croissance (Rausch et al. 1996; Ebert et al. 2002 ; Kaya et al. 2001, 2002 et 2006 ; Tuna et al. 2007). Au niveau du plasma de la cellule, le calcium peut remplacer le sodium réduisant ainsi la toxicité du sel (Rausch et al. 1996). Song et Fujiyama (1996) ont constaté que les plantes de tomates cultivées sous stress salin avec un supplément de calcium accumulent 40% de moins de Na^+ et 60% de plus de K^+ que les plantes cultivées sous salinité et n'ayant reçus aucun supplément de calcium.

Du fait que les ions sodium et potassium possèdent la même valence, l'augmentation de la concentration de Na^+ dans le milieu de croissance diminue celle de K^+, ce qui suggère un antagonisme entre Na$^+$ et K$^+$ (Adams et Ho, 1995). L'addition de K$^+$ dans la solution nutritive permet d'augmenter les concentrations de K$^+$ dans les feuilles et améliore la tolérance des plantes au stress salin (Lopez et Satti, 1996; Turkmen et *al.* 2000; Kaya et *al.* 2001). L'apport complémentaire de Phosphore dans le milieu de culture améliore la croissance des plantes (Awad et *al.* 1990; Kaya et *al.* 2001). Sous stress salin, l'absorption d'azote par les plantes est généralement affectée, et l'application supplémentaire de N permet d'atténuer les effets néfastes de la salinité (Gómez et *al.* 1996). Lorsqu'on applique une eau d'irrigation de salinité élevée, la concentration d'ions antagonistes (Na$^+$ et Cl$^-$) est si élevée que cela entraîne une augmentation marquée de la pression osmotique de la solution du sol, ce qui aggrave les contraintes imposées par les ions de salinité (Feigin, 1985).

13.2. Lessivage des sols

Le lessivage des sols afin d'éliminer les sels solubles est une méthode efficace pour récupérer les sols salins. Cela nécessite une bonne perméabilité du sol et une bonne qualité de l'eau d'irrigation (Dregne, 1976). Cependant, ce processus est très couteux, particulièrement dans les pays en développement manquant les outils de drainage d'eau adéquats (Toennissen, 1984).

13.3. Mycorhization des plantes

Vesicular-arbuscular mycorrizhal (VAM) est un champignon qui augmente la tolérance au sel chez certaines cultures, comme les oignons et les poivrons (Hirrel et Gardemann, 1980). Par exemple, chez les cultures de tomate, des échantillons de sol inoculés avec ce champignon provenant de sols salins améliorent de façon significative la croissance de la tomate irriguée avec une eau de salinité 7 g/l (Prud et *al.* 1984). Copeman et *al.* (1996) ont noté une amélioration de la croissance des plantes de tomate inoculées avec des populations de champignons VAM recueillies auprès des sols non salins par rapport aux plantes témoins (non inoculées). Cependant, l'utilisation des mycorhizes est une technique encore en développement et ne peut pas être définitivement recommandée (Prud et *al.* 1984).

13.4. Utilisations des plantes tolérantes

L'identification des génotypes végétaux ayant une tolérance à la salinité, et l'intégration de ces caractéristiques dans les plantes cultivées peuvent réduire les effets néfastes de la salinité sur la productivité agricole (Shannon, 1984). Le développement des plantes tolérantes à la salinité a le potentiel de faire une contribution importante à la production alimentaire dans de nombreux pays. Cela permettra l'utilisation d'eau de faible qualité et ainsi réduire une partie de la demande en eau de meilleure qualité. Un grand effort est donc dirigé vers le développement de génotypes de cultures tolérantes au sel grâce à l'utilisation de stratégies de sélection végétale impliquant le génie génétique à partir d'espèces sauvages tolérantes au sel (Shannon, 1984; Pitman et Läuchli, 2002).

13.5. La technique de priming

Le priming est un traitement que les grains subissent pour améliorer leur germination, il consiste à tremper les grains dans une solution osmotique ou les deux premières phases de germination (phase d'imbibition et d'activation) ont lieu sans qu'il y ait émergence et croissance de la radicule (Bradford, 1986). Les semences continuent à absorber l'eau et peuvent être de nouveau séchées après le priming. Si les grains ont subi le priming pour une longue durée, leur tolérance à la dessiccation est perdue. Dans ce cas, les grains perdent leur viabilité (Bradford, 1986). En effet, le succès d'application de priming dépend essentiellement de la concentration de l'osmoticum, la durée de trempage des grains dans la solution osmotique et de l'espèce en question (Bradford, 1986). La période optimale de priming varie selon le type et le potentiel de la solution osmotique ainsi que la température et le type de plante ; si la période de priming devient longue, la radicule émerge et les avantages de ce traitement disparaissent (Bradford, 1986).

Par exemple, les semences de laitue (*Lactuca sativa*) ont une période optimale de priming avec le PEG (polyéthylène glycol) estimée à quelques heures. Pour le persil (*Petroselinum crispum*), la période est estimée à environ trois semaines en solution de PEG. Concernant l'épinard (*Spinacia oleracea*), la durée est estimée à 14 jours avec cette même solution (PEG) (Nascimento et west, 1998).

13.5.1. Principes du priming

Le priming des grains se fait par deux techniques qui sont l'osmopriming et l'hydropriming :

L'osmopriming ou osmoconditionnement : C'est la technique la plus utilisée au cours de laquelle les grains sont immergées dans une solution osmotiques pour permettre l'imbibition et l'activation des processus métaboliques du grain mais sans permettre l'expansion et la croissance de la radicule. Dans ce cas, les solutions osmotiques utilisées sont le Mannitol, le PEG et les sels (NaCl, KCl...) (Bradford, 1986).

L'hydropriming : Consiste à imbiber les grains dans l'eau distillée pendant une période bien déterminée sans pour autant permettre l'émergence de la radicule, ou en trempant les grains pour une courte période dans l'eau chaude à 60° C (Bradford, 1986).

13.5.2. Objectifs du priming

L'objectif du priming est de réduire le temps de germination, d'améliorer le taux et la qualité de la germination. En effet, lors du semis, les semences restent un long moment pour absorber l'eau du sol ; si on minimise ce temps, la germination des semences et leur développement peuvent être significativement améliorés ; ainsi, la culture se développe plus rapidement et plus vigoureusement, dans d'autres cas, elle a une floraison et une maturité précoce. Une germination et une croissance rapide résultent dans un développement rapide du système racinaire. Cette technique est aussi utile pour les cultures qui sont contrariées par la salinité et les basses températures du sol où elle permet de leur acquérir une tolérance à ces conditions défavorables (Bradford, 1986).

13.5.3. Application de priming sous stress salin

Plusieurs travaux de recherche ont appliqué de manière efficace la technique de priming pour améliorer la tolérance et les performances agronomiques des cultures sous stress salin. C'est depuis 1964 que Strogonov a démontré que la tolérance des plantes à la salinité peut être augmentée en traitant les semences avec des sels inorganiques. C'est une technique facile, de faible coût et sans risque et elle est utilisée pour résister à la salinité dans les sols agricoles. L'osmopriming a été utilisé pour améliorer la germination et le développement des plantes sous stress salin pour différentes plantes (Strogonov 1964, Cayuela et *al*, 1996, Rehman et *al*. 1998, Ashraf et Rauf 2001, Sivirtepe et *al*. 2003). Généralement, le priming améliore le taux et l'uniformité de la germination des semences ainsi que le développement des plantes sous stress salin (Bradford 1986, Sivirtepe et *al*. 2003). Wiebe et Muhyaddin (1987), Cano et *al*. (1991), Cayuela et *al*. (1996) travaillant sur la tomate, Pill et *al*. (1991) sur l'asperge et la tomate, Passam et Kakouriotis (1994) sur le concombre ont montré que le priming améliore la germination des semences, la croissance et le développement des plantes cultivées sous stress salin. De même, Demir et Van De Venter (1999) travaillant sur la pastèque ont signalé que le priming avec KNO3 améliore la germination et réduit le temps moyen de germination sous stress salin. Misra et Dwibedi (1980) ont constaté que le trempage des semences de blé dans 2,5% de chlorure de potassium (KCl) pendant 12 h avant le semis améliore considérablement la germination du blé sous stress salin.

Passam et Kakouriotis (1994) ont reporté que les avantages du priming avec NaCl ne persistent pas au-delà du stade de croissance végétative du concombre. Par contre, Cano et al (1991) ont montré que le priming avec NaCl a des effets positifs sur le développement et la production des tomates.

Pour le cas de la tomate, Cano et al. (1991) ont montré que le priming avec une solution 1M NaCl pendant 36 heures à 20°C a des effets positifs sur la maturation et le rendement des plantes cultivées sous conditions de stress salin. Ainsi, les plantes sont capables de développer des réponses adaptatives à la salinité, pas seulement durant les premières phases de germination mais aussi durant les stades de développement.

Les travaux de Sivirtepe et al. (2005) sur melon (*Cucumis melo*) cultivars "Hasanbey" et "Kirkagac" ont montré que le priming avec une solution 12 g/l de NaCl pendant trois jours à 20° C diminue l'effet inhibiteur de la salinité sur la croissance de la plante et a permis d'augmenter la tolérance de la plante.

Les travaux de Kaur et al. (2004) sur le poichiche ont montré que le priming avec de l'eau pure et le Mannitol (4%) pendant 24 heures des semences atténuent les effets néfastes du stress salin sur la croissance et le rendement de cette plante. En effet, les résultats ont montré une augmentation du rendement de 41% et 77% en utilisant respectivement le priming avec l'eau distillée (hydropriming) et le Mannitol.

Les travaux d'Iqbal et al. (2006) sur blé (*Triticum aestivum* L.) ont montré que le trempage des semences pendant 12 heures dans l'eau distillée ou d'une solution de KCl, NaCl et $CaCl_2$ (100 Mm) était efficace d'atténuer les effets destructeurs de la salinité en termes de matière fraîche et sèche ainsi que le rendement en grains. Le priming avec NaCl augmente le taux de l'acide abcessique (ABA) dans les feuilles et diminue le taux d'assimilât (Kawasaki et al. 2001). De même, les travaux de Rashid et al. (2006), Du et Tuong (2002) sur le riz ont montré que le priming a augmenté la germination et la croissance du riz, conduisant à un établissement rapide des cultures, une floraison précoce et à un haut rendement en grains.

13.5.4. Mécanismes d'action du priming

Le traitement avec des sels inorganiques favorise la germination des semences de plusieurs cultures en stimulant les processus métaboliques correspondants (Sallam, 1999).

Les ions K^+ et Ca^{2+} ont un effet antagoniste sur l'ion Na^+ pour les plantes sujettes au stress salin (NaCl) en éliminant leurs effets toxiques sur le métabolisme de la plante (Greenway et Munns, 1980 ; Ashraf, 2004). L'augmentation de la concentration des ions Ca^{2+} et K^+ à l'intérieur des grains améliorent leur germination en présence de NaCl, entre autre le blé

(Chauhuri et wiebe 1968) et la tomate (Al-Harbi, 1995). L'augmentation de la salinité au niveau de l'environnement du grain fait accroitre le contenu cytosolique de Ca^{2+}, cet élément va initier les mécanismes d'adaptation à la salinité (Knight et al. 1997). En effet, le calcium (Ca^{2+}) réagit comme un second messager dans les cellules des plantes, il est impliqué dans la médiation des signaux et à la réponse à l'action de l'ABA, hormone censée jouer un rôle clé dans le signal à la réponse au stress abiotique (Ingram et Bartels, 1996; Netting, 2000). Le calcium protège les plantes en leur apportant une tolérance à la salinité (Cramer et al. 1990). Il réduit l'effet toxique du NaCl en facilitant une importance sélectivité du ratio K^+/Na^+ (Cramer et al. 1987). Par voie de conséquences, les paramètres de croissance des plantes se trouvent améliorés (Navaro et al. 2000; Kaya et al. 2002). De l'autre coté, le potassium (K^+) est un élément minéral essentiel, il est nécessaire pour la croissance de la plante : il aide à maintenir l'équilibre osmotique au niveau de la cellule, il a un rôle dans l'ouverture et la fermeture des stomates, il est aussi un cofacteur de plusieurs enzymes telles que la Pyruvate kinase, enzyme entrant dans le fonctionnement du cycle de Kreps (Zhu, 2003).

L'effet de NaCl comme un agent de priming a été observé et montré dans plusieurs travaux de recherche. Cayuela et al. (1996) ont conclus que la tolérance des plantes à la salinité résulte d'une forte capacité des plantes à l'ajustement osmotique puisque les plantes issues de grains ayant subi le priming ont beaucoup plus de Na^+ et Cl^- dans leurs racines et beaucoup de sucres et d'acides organiques dans les feuilles que les plantes dont les grains n'ont pas subi le priming. Ce mécanisme peut se produire chez les plantes par le pompage actif d'ions inorganiques (Na^+, K^+ et Cl^-) ou la synthèse de solutés organiques (sucres, acides organiques, acides aminés libres et proline) (Levitt, 1980; Hasegawa et al. 1986).

En effet, les plantes issues des grains ayant subi le priming ont une plus grande capacité de tolérer le stress abiotique, ceci semble être le résultat d'une plus grande capacité des cellules à l'ajustement osmotique (synthèse de proline ou sucres solubles) dans les feuilles que les plantes issues des grains qui n'ont pas subi ce traitement (Di Martino et al. 2003). Dans ce même sens, Sivritepe et al. (2003) travaillant sur les plantes de melon, Demir et Kocacaliskan, 2001 travaillant sur les plantes d'haricot ont confirmé que le priming avec NaCl favorise l'accumulation de proline au niveau des feuilles, ce soluté est censé jouer un rôle de stabilisation des cellules de la membrane végétale sous stress salin. De même, Shannon et François (1977) ont montré que les plantes de blé (*Triticum aestivum* L) issues des grains ayant subi le priming accumulent plus de calcium, cet élément minéral est censé jouer un rôle primordial dans la protection des plantes contre les effets néfastes de la salinité et améliore leur croissance en condition de stress salin. Cayuela et al. (1996) ont montré que la technique de priming améliore la tolérance au stress salin des plantes de tomate, cette tolérance est due à la capacité des plantes soumises au stress salin à l'ajustement osmotiques, puisque les plantes issues des grains prétraités ont plus des ions sodium (Na^+) et chlore (Cl^-) dans les racines et plus de sucres et d'acides organiques dans les feuilles que les plantes issues des grains témoins. De la même manière, Ashraf et al. (2003) ont reporté que le prétraitement des grains de Millet Perle (*Pennisetum glaucum L*) diminue les effets néfastes de la salinité exercés sur la germination et la croissance des plantes en diminuant la concentration cellulaire des ions Na^+ et Cl^- et en augmentant celles des ions K^+ et Ca^{2+}. Les travaux de Cayuela et al. (1996) sur la tomate ont montré que le priming avec NaCl favorise l'accumulation des sucres totaux et la proline.

Chapitre II : MATERIEL ET METHODES

1. Matériel Végétal

Le matériel végétal utilisé est le carthame «*Carthamus tinctorius* L». Selon Basil et Kafka (2002), le carthame est une culture moyennement tolérante à la salinité, particulièrement lors de la phase de germination et les premières phases de croissance, c'est pour cette raison que les efforts d'amélioration agronomiques ont portés tout à bord sur la phase de germination sous stress salin. Le choix a porté aussi sur cette plante pour son importance du point de vue pharmaceutique et médicinale.

2- Essai de germination du carthame au laboratoire

Les essais de germination des grains du carthame ont été réalisés au laboratoire des cultures maraichères de l'Institut Supérieur Agronomique de Chott Mariem dans une chambre de culture à 23°C. Les expériences de germination ont été réalisées dans des boites de Pétri de 9 cm de diamètre contenant une couche de papier filtre type Watman.

2-1- Mise au point de la technique de priming avec NaCl et KCl

Les grains de carthame ont été trempés dans des béchers contenant des solutions osmotiques de NaCl et KCl (5, 10, 15 et 20 g/l) à 23° C pendant 12, 24 ou 36 h. Après le priming, les grains ont été retirés puis rincés à l'eau distillée et séchés à la température ambiante jusqu'à atteindre le poids initial. Les grains témoins (sans priming) et les grains traités (avec NaCl et KCl) sont mis à germer dans des boîtes de Pétri de 90 mm de diamètre entre deux couches de papier filtre humidifiées avec 10 ml d'eau distillée à une température ambiante de 23° C. Chaque combinaison de concentration de NaCl/durée de trempage, concentration de KCl/durée de trempage est représentée par 100 grains répartis en cinq boites de Pétri (20 grains/boite), il en est de même pour les témoins. Les grains sont considérés germés dès que la longueur de la radicule atteint 2 mm. Les grains germés sont comptés toutes les 24 h durant une période de 8 jours.

2-2- Germination des grains de carthame en présence de NaCl

La combinaison (concentration de sel utilisé dans le prétraitement et la durée) qui a donné la meilleure germination a été utilisée dans la suite du travail.

Deux lots de grains ont été trempés séparément dans une solution de NaCl à 5 g/l pendant 12 h et une solution de KCl à 5 g/l pendant 24 h à 23° C. Après le priming, les grains ont été lavés à l'eau distillée puis mis à sécher à l'air ambiant. Les grains ainsi prétraités avec NaCl, KCl et ceux témoins (sans priming) ont été placés dans des boites de Pétri de 9 cm de diamètre entre deux couches papier filtre humectées en présence d'une solution de NaCl à différentes concentrations (0, 5, 10, 15, 20 g/l) dans une chambre de culture à 23° C. Chaque concentration de NaCl a été appliquée sur 100 grains, répartis en 5 boites de Pétri (20 grains/boite).

2-3- Paramètres mesurés
2-3-1- Germination totale (GT)
C'est le pourcentage de grains germés, il est calculé selon la formule : GT (%) = (nombre total de grains germés/nombre total de grains mis à germer) x 100.

2-3-2- Temps moyen de germination (TMG)
C'est le temps nécessaire pour avoir 100% de germination, il est calculé selon la formule d'Ellis et Roberts (1981): TMG = Σ (ni / di). Avec ni: nombre de grains germés et di: nombre de jours de comptage.

2-3-3-Longueur de la radicule
C'est la partie inférieure de la plantule, elle est exprimée en centimètre.

2-3-4- Matière fraiche et sèche des plantules
Au 8ème jour de la germination, le poids frais des plantules est déterminé grâce à une balance de précision. Le poids sec est déterminé en mettant les plantules dans l'étuve à une température de 60°C pendant 48 h.

3- Essai de culture du carthame en plein champs
3-1- Caractéristiques pédoclimatiques de la région de Chott Mariem

Le climat de la région de Chott Mariem est un climat semi-aride typiquement méditerranéen avec un été chaud et sec et un hiver peu pluvieux. Les températures mensuelles maximales varient entre 16 et 31°C et les températures mensuelles minimales varient entre 7 et 21°C. L'humidité relative moyenne varie entre 69 et 71%. Les précipitations mensuelles moyennes varient entre 2 et 58 mm (Khila et *al*. 2013). Les précipitations minimales moyennes sont comprises entre 2 et 7 mm durant les mois de l'été (Juin à Aout) et les précipitations maximales moyennes sont comprises entre 35 à 58 mm, durant les mois d'Octobre à Janvier (Khila et al. 2013).

La texture du sol de la parcelle expérimentale de Chott Mariem est sablo-limoneuse, son pH est légèrement alcalin (entre 8.12 et 8.54), la conductivité électrique (entre 19 et 23 méq/100 g de sol) est faible et la teneur en matière organique (entre 0.7 à 1.3%) (Hamdi et al. 2013). L'eau d'irrigation a un pH alcalin (7.9), une faible conductivité électrique (1.36 mS/cm) (Hamdi et al. 2013). Le calcium et le magnésium sont présents dans l'eau d'irrigation à des concentrations faibles, (Ca= 0.16 g/l et Mg= 0.02 g/l), ce qui reflète la non dureté de l'eau (Lagha, 2008).

3-2- Installation de la culture

Deux lots différents de grains de carthame ont subi séparément le priming avec NaCl (trempage dans une solution 5 g/l de NaCl pendant 12 h à 23 °C) et KCl (trempage dans une solution 5 g/l de NaCl pendant 24 h à 23 °C). Après le priming, les grains ainsi prétraités et les grains témoins ont été semés directement dans le sol (exploitation agricole de l'Institut Supérieur Agronomique de Chott Mariem (photo 2.1).

Le semis des grains de carthame est effectué au mois de novembre à une densité de peuplement de 9 plants m^{-2} (30 x 30 cm) soit 90.000 plants/ha. En cours de culture, les plantes (issues des grains prétraités et celles issues des grains témoins) qui sont cultivées en absence de NaCl ou en présence de NaCl, sont irriguées avec l'eau du barrage de Nebhana (contenant 0.8 g/l de NaCl). Chez les plantes cultivées en présence de NaCl, les concentrations de ce sel solubilisé dans cette eau sont 3, 6, 9 et 12 g/l. Ainsi, chacun des cinq traitements (0, 3, 6, 9 et 12 g/l) est appliqué sur 60 plantes issues des graines témoins ou des grains prétraités). Ces 60 plantes ont été réparties en trois parcelles élémentaires contenant chacune 20 plantes, l'irrigation des plantes a été réalisée à une fréquence de deux irrigations par semaine.

3-3- Paramètres physiologiques mesurés

Les paramètres mesurés au cours de cette expérience sont la hauteur de la plante, le nombre de branches par plante, la surface foliaire, les matières fraîche et sèche des parties aérienne et racinaire, le nombre de capitules par plante, les rendements en pétales et en graines par m^2 et le poids de 1000 graines.

3-3-1- Hauteur de la plante

C'est la distance qui sépare le collet de la tige, à la surface du sol, du bourgeon terminal de la tige principal ; elle est exprimée en centimètre (cm).

Photo 2.1: Culture de carthame en plein champs dans l'exploitation agricole de l'ISA de Chott-Mariem (cliché personnel).

3-3-2- Matières fraiche et sèche des organes aériens et racinaires

Au cours de la phase de floraison, des plantes de carthame ont été arrachées au hasard afin de déterminer les poids frais des parties aériennes et racinaires. Le Poids sec a été déterminé après dessiccation à 80 °C pendant 48 h à l'étuve.

3-3-3- Nombre de branche par plante

C'est le nombre de ramifications issues de la tige principale et secondaire.

3-3-4- Nombre de capitules par plante

Les capitules sont localisés à la terminaison de chaque branche, ils porteront suite à leurs floraisons les pétales.

3-3-5- Surface foliaire

Les feuilles de carthame ont été étalées sur un planimètre type LI-COR qui mesure la surface foliaire en cm^2.

3-3-6- Evolution du rendement en pétales frais

Au 170 jours après semis, les capitules de carthame commencent à fleurir. Cette floraison dure 30 jours (du 19 avril au 19 mai). La cueillette des pétales a été effectuée tous les jours et à la lumière de ces données on a suivi l'évolution du rendement en pétales frais.

3-3-7- Rendement en pétales frais et sec

A la fin de la phase de floraison, le poids frais des pétales ainsi recueillis a été mesuré. Afin de compter leur poids sec, les pétales ont été séchés à l'air ambiant durant une semaine.

3-3-8- Rendement en grains

A la fin de floraison, les capitules porteront les grains de carthame. La cueillette des grains séchés a eu lieu au mois de Juin.

3-3-9- Poids de 1000 grains

1000 grains de carthame sélectionnés au hasard ont été pesés à l'aide d'une balance de précision.

4- Analyses biochimiques et minérales des plantes de carthame

4-1- Extraction et dosage des chlorophylles

Les teneurs des pigments photosynthétiques tels que la chlorophylle a, la chlorophylle b et leur ratio Chlorophylle (a)/Chlorophylle (b) ont été calculées selon la méthode de Lichtenthaler (1987). En effet, un échantillon de 0,1 g de matière fraîche de feuille, pris au niveau des ramifications de la plante, a été homogénéisé avec 10 ml d'acétone 80%. La densité optique a été mesuré à l'aide d'un spectrophotomètre UV (type T 160) à une longueur d'onde de 663 nm pour la chlorophylle a et à une longueur d'onde de 640 nm pour la chlorophylle b. L'opération a été répétée trois fois pour chaque traitement.

4-2- Extraction et dosage des protéines

La teneur en protéines a été déterminée à une longueur d'onde de 595 nm selon la méthode de Bradford (1976) en utilisant le Sérum Bovine Albumine (SBA) comme solution standard. Le réactif de Bradford contient du bleu de Coomasie; l'interaction de ce réactif avec les protéines donne une coloration bleue. La concentration d'une solution en protéines a été déterminée en mesurant son absorbance à une longueur d'onde de 595 nm, en présence du réactif de Bradford (1 ml d'échantillon + 5 ml du réactif). Une gamme-étalon a été faite à l'aide d'une solution standard de sérum Bovine albumine (SBA) (Fig. 2.1).

Le dosage des protéines a été fait avec deux solutions qui sont le tampon phosphate de potassium et le Réactif de Bradford. Concernant la solution du tampon phosphate de potassium (1.5 mM, pH 7), dans 100 ml d'eau distillée, 0.23 g KH_2PO_4 (MM 136.09 g/mol) et 0.58 g $K_2\ HPO_4$ ont été dissous. Le pH de cette solution a été ajusté à 7.5 par une solution de KOH (1 mole/l). Le tampon ainsi préparé a été stocké à 4 °C. Le Réactif de Bradford a été préparé en dissolvant 5 mg du bleu de Coomasie dans 2.5 ml d'éthanol 95%) et 5 ml d'acide orthophosphorique 85% dans 500 ml d'eau distillée, cette solution ainsi préparée a été mise à l'obscurité. Un échantillon de 100 mg de matière fraîche de feuilles a été homogénéisé dans une solution tampon phosphate (0.1 M, pH 7).

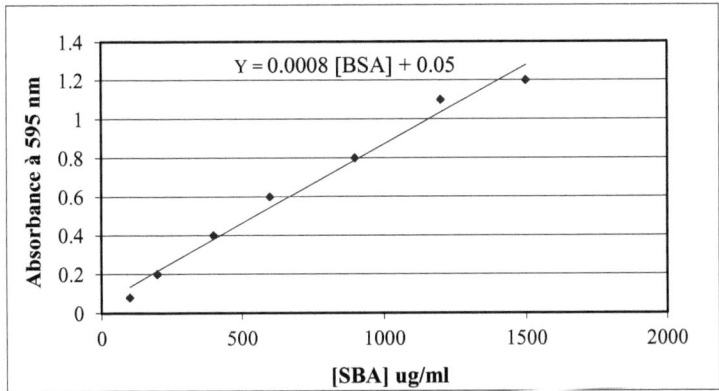

Fig. 2.1: Courbe standard de Sérum Bovine Albumine (Ninfa et Ballou, 1998)

L'homogénéisât a été centrifugé à 1300 tours par minute (tpm) pendant 5 min. A 1 ml du surnageant, a été ajouté 5 ml du réactif de Bradford et le mélange obtenu a été incubé à l'obscurité pendant 15 min. L'absorbance de ce mélange a été mesurée au spectrophotomètre UV à une longueur d'onde de 595 nm puis convertie en mg de protéines/ml. Les densités optiques obtenues ont été reportées sur la courbe standard construite à partir d'une gamme de concentrations connues de Sérum Bovine Albumine (Fig.2.1).

4-3- Extraction et dosage de la Proline

La proline est mesurée à une longueur d'onde de 520 nm selon la méthode de Bates *et al*. (1973). Cet acide aminé est une poudre blanche, soluble dans l'eau et dans l'éthanol et de poids moléculaire de 115 g, il est facilement oxydé par la ninhydrine ou tricetohydridéne ($C_9H_6O_4$). Un échantillon de 100 mg de feuilles fraîches a été broyé et additionné de 2 ml d'éthanol à 40% puis il a été chauffé au bain marie à 85 °C pendant 30 min. Après refroidissement et filtration, à 1 ml du filtrat est additionné 1 ml d'acide acétique (CH_3COOH), le ninhydrine (25 mg) et d'une solution composée d'eau distillée (120 ml), d'acide acétique (300 ml) et d'acide orthophosphorique (80 ml). Ce mélange acide, qui catalyse la réaction proline-ninhydrine, a été porté à ébullition pendant 30 min, durant laquelle il a viré au rouge. Après refroidissement, 5 ml de toluène y ont été ajoutés pour séparer les phases. Seule la phase supérieure a été récupérée pour la mesure de l'intensité de coloration au spectrophotomètre UV (528 nm). Les densités optiques obtenues ont été reportées sur une courbe d'étalonnage, construite à partir d'une gamme de concentrations de proline (Fig. 2.2). L'opération a été répétée trois fois pour chaque traitement.

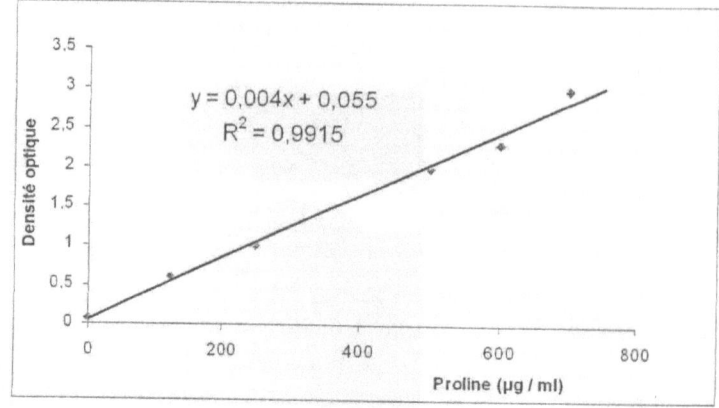

Fig. 2.2 : Courbe d'étalonnage de la proline (El Jaafari, 1993)

4-4- Dosage du Sodium, du Potassium et du Calcium

Pour la détermination d'éléments minéraux (Na^+, K^+ et Ca^{2+}), la matière sèche des feuilles a été attaquée par 25 ml d'acide nitrique (0,1 N), l'extraction des ions dure 48 h à la température ambiante. Les teneurs des trois cations (Na^+, K^+ et Ca^{2+}) ont été déterminées par spectrophotométrie de flamme (Taleisnik et Grunberg, 1994). L'opération a été répétée trois fois pour chaque traitement.

4-5- Mesure de la déperdition électrolytique

Le degré des dommages induits par le stress salin sur la membrane cellulaire peut être facilement estimé par la mesure de la déperdition électrolytique à partir des cellules. Le maintien de l'intégrité et de la stabilité cellulaire sous stress salin est un critère majeur de tolérance des plantes à ce type de stress (Dionisio-Sese et Tobita, 1998). La déperdition électrolytique a été déterminée selon la méthode décrite par Dionisio-Sese et Tobita (1998). En effet, des échantillons de feuilles pris aléatoirement à différents endroits de la plante (environ 200 mg de Poids frais) ont été immergés dans 10 ml d'eau distillée et conservées à 32°C pendant 2 h. Ensuite, la conductivité électrique initiale du support (CEi) a été mesurée. Après, les tissus foliaires ont subi un autoclavage à 121°C pendant 20 min pour libérer tous les électrolytes. Ensuite, les échantillons ont été refroidis à 25°C pour obtenir une conductivité électrique finale (CEf). La déperdition électrolytique (DE) a été calculée selon la formule: DE (%) = 100 x (CEi/CEf). L'opération a été répétée trois fois pour chaque traitement.

4-6- Extraction et dosage de l'huile des grains
4-6-1- Extraction de l'huile des grains

L'extraction de l'huile des grains a été faite selon la méthode de Griehl et *al.* (2011). Un gramme de grains a été broyé puis mis dans un tube à centrifuge. Au homogénéisât obtenu est ajouté un mélange de solvant (n-hexane/ isopropanol/ eau) selon la proportion (40/ 37.7/ 0.3) (v/v). Après une heure, la solution ainsi obtenue est centrifugée à 20.000 tours par minutes pendant 5 min. La procédure d'extraction a été répétée deux fois afin d'extraite le maximum d'huile à partir des grains. Le surnageant a été collecté puis évaporé avec un rotavapeur rotatif afin d'éliminer les solvants. Ensuite, les extraits des huiles ont été lyophilisés pendant 24 h afin d'éliminer le reste de l'eau et des solvants. L'opération a été répétée trois fois pour chaque traitement.

4-6-2- Analyse de l'huile des grains

Aux extraits d'huile obtenue, une solution de n-hexane est ajoutée à chaque tube centrifuge afin d'obtenir 50 mg d'extrait/ml. A 1 ml d'extrait obtenu, on a ajouté 3 ml d'acide chlorhydrique méthanolique. Les tubes centrifuges ont été fermés par des bouchons en acier puis ont été chauffés à l'étuve à 90 °C pendant une heure. Après refroidissement, on a ajouté 3 ml d'eau distillée à chaque tube. La phase supérieure de l'extrait (n-hexane) a été enlevée. Les extraits ainsi obtenus représentent les esters méthyliques d'acide gras (Griehl et *al.* 2011).

4-6-3- Analyse des Ester méthylique d'acide gars

L'identification des acides gras des grains de carthame est faite en comparant leurs temps de rétention avec des acides gras standards.

L'analyse des extraits obtenus d'esters méthyliques d'acide gras est réalisée au Laboratoire de Chimie bio-organique de l'Institut Leibniz de Chimie Bio-organique, Halle Saale, Allemagne. Elle est effectuée par chromatographie en phase gazeuse couplée à la spectrométrie de masse, sur un appareillage Hewlett Packard type 5941. Le chromatographe est équipé d'une colonne capillaire en silice de 25 m x 0,20 mm de diamètre interne, garnie de polydiméthylsiloxane $(C_2H_6OSi)_n$. Le gaz vecteur est l'hélium avec un débit de 0,6 ml/min. Les températures de l'injecteur et du détecteur sont respectivement de 220 et 240°C. La programmation de température est de 50° C 3 min puis 50-250° C à raison de 3°C/min. Les spectres de masse sont enregistrés par un détecteur de type quadripôle et l'ionisation est réalisée par impact électronique sous un potentiel de 70 eV. Les composés volatils des pétales de carthame sont identifiés selon leur indice de rétention (IR) calculé à partir des temps de rétention (en secondes) des acides gras standards (Pacáková et Feltl, 1992).

$$IR = 100 \times \frac{\Delta x}{\Delta y} + 100n$$

Avec :

Δx: Temps, (en s), entre le temps de rétention du composé et le temps de l'alcane (n) qui le précède ;

Δy: Temps, (en s), entre les temps de rétention des deux alcanes (n et n+1) qui entourent le composé ;

n : nombre de carbones qui composent la chaîne de l'alcane (C_nH_{n+2}).

4-7- Analyse de l'huile essentielle des pétales

L'analyse de l'huile essentielle des pétales a été faite selon la méthode de la micro-extraction sur phase solide (SPME, *Solid phase microextraction*). En effet, cette technique d'extraction, qui n'utilise pas de solvants organiques et ne nécessite qu'un très faible volume d'échantillon, permet de réaliser une extraction et une concentration des composés qui se trouvent à l'état de traces dans un liquide ou un gaz. Le support d'analyse est une fibre en silice fondue placée à l'intérieur d'une aiguille creuse amovible. Sur cette fibre est greffée une phase stationnaire qui détermine la capacité d'extraction des composés. La fibre est plongée dans la solution à analyser. Les solutions à analyser vont être progressivement absorbés par la phase stationnaire. Après un temps suffisant, appelé temps d'équilibration, il s'établit un équilibre de partage entre la phase solide constituée par la fibre et la phase gazeuse ou liquide constituée. La fibre est ensuite rétractée dans l'aiguille est retirée de l'échantillon (Fig. 2.3). Les pétales issus des plantes dont les grains ont été préalablement traités avec NaCl et ceux dont les grains n'ont pas subi de priming ont été ainsi analysés au nombre d'un échantillon par traitement.

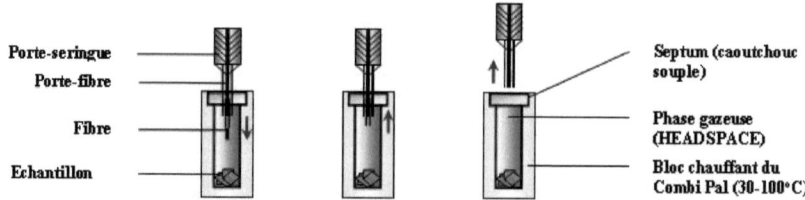

Fig. 2.3. Schémas de fonctionnement de la méthode de la micro-extraction sur phase solide (Damien, 2007)

5- Analyse statistiques

Les paramètres de germination, croissance, rendement ainsi que les paramètres biochimiques et minérales de carthame ont été évalués en utilisant l'analyse de la variance ANOVA avec le logiciel SPSS 13.0. Les différences entre les moyennes sont comparées par le test de Duncan à un seuil de probabilité de 5% ($p<0.05$).

Chapitre III. RESULTATS

1- Essai au Laboratoire

1.1. Mise au point de la technique de priming avec NaCl favorisant la germination des grains de carthame

Après une durée de 8 jours de germination dans l'eau distillée des grains de carthame témoins et des grains prétraités avec NaCl, les résultats obtenus, présentés dans le tableau 3.1., montrent que les grains témoins, qui n'ont pas subi la technique de priming, ont un taux de germination (GT) de 100% et un temps moyen de germination (TMG) de 5,26 jours.

Chez les grains ayant subi le priming avec NaCl (5, 10, 15 et 20 g/l) durant 12, 24 ou 36 h, leur taux de germination diminue lorsque la concentration de NaCl augmente et la durée de priming s'allonge (Tableau 3.1). Par conséquent, le meilleur temps moyen de germination (TMG) est noté chez les grains trempés dans la plus faible concentration de NaCl (5 g/l) pendant la plus faible durée (12 h), il est de l'ordre de 2,52 jours, contre 5,26 jours pour les grains témoins. La germination totale (GT) est la même chez les grains témoins que chez les grains trempés à une concentration de 5 g/l durant 12 h. Toutefois, la différence est notée au niveau du temps moyen de germination, elle est de l'ordre de 2,74 jours. De même, le plus faible taux de germination a concerné les grains qui ont été trempés dans la plus forte concentration de NaCl (20 g/l) pendant la plus longue durée (36 h), il est de 65,82%.

Quant au temps moyen de germination (TMG), les grains témoins ont pris cinq jours pour germer en présence d'eau distillée. Tandis que les grains prétraités avec NaCl, ce temps a diminué. En effet, pour NaCl, la combinaison (20 g/l + 36 h) exige un temps de germination de 4,67 jours, alors que la combinaison (5 g/l ; 12 h) exige un temps de 2,52 jours, soit presque la moitié du temps.

En résumé, le trempage des grains dans une solution de NaCl à la concentration 5 g/l pendant 12 h, a donné le même taux de germination par rapport aux grains témoins, cependant, le temps moyen de germination se raccourci du moitié, ce qui représente une caractéristique optimale de germination des grains (Photos 3.1).

1.2. Mise au point de la technique de priming avec KCl favorisant la germination des grains de carthame

Le tableau 3.2 montre l'effet de la concentration de KCl (5, 10, 15 et 20 g/l) et la durée de trempage (12, 24 et 36 h) sur la germination des grains du carthame en absence de sel.

Tableau 3.1. Germination des grains de carthame témoins et des grains ayant subi le priming avec NaCl (5 à 20 g/l) pendant (12, 24, 36 h).

Durée de priming (h)		NaCl (g/l)			
		5	10	15	20
12	GT (%)	100± 2,02	96,78± 1,94	90,42±1,71	86,39±1,64
	TMG (jours)	2,52± 0,09	2,87± 0,11	3,12± 0,15	3,41± 0,16
24	GT (%)	88,87± 1,68	86,49± 1,75	81,58± 1,51	77,28± 1,43
	TMG (jours)	3,07± 0,11	3,31± 0,10	3,62± 0,13	3,85± 0,12
36	GT (%)	78,93± 1,52	75,45± 1,39	70,51± 1,34	65,82± 1,36
	TMG (jours)	3,72± 0,13	3,97± 0,15	4,33± 0,14	4,67± 0,16
Grains témoins	GT (%)	100± 2,17	100± 2,17	100± 2,17	100± 2,17
	TMG (jours)	5,26± 0,17	5,26± 0,17	5,26± 0,17	5,26± 0,17

(*) Les moyennes ± erreurs standards sont présentées ; GT : Germination totale ; TMG : Temps moyen de germination

Tableau 3.2. Germination des grains de carthame témoins et des grains ayant subi le priming avec KCl (5 à 20 g/l) pendant (12, 24, 36 h).

Durée de priming (h)		KCl (g/l)			
		5	10	15	20
12	TG (%)	96 ± 1,84	93,63 ± 1,77	87,73 ±1,65	82,28±1,52
	TMG (jours)	3,44 ± 0,07	3,83 ± 0,17	4,05 ± 0,19	4,38 ± 0,14
24	TG (%)	100 ± 1,47	91,49 ± 1,75	78,71 ± 1,42	74,33± 1,21
	TMG (jours)	2,84 ± 0,21	3,35 ± 0,16	3,71 ± 0,17	4,06 ± 0,13
36	TG (%)	94,85 ± 1,41	81,36 ± 1,37	67,23 ± 1,26	61,22± 1,24
	TMG (jours)	3,96 ± 0,18	4,46 ± 0,18	4,85 ± 0,19	5,09 ± 0,18
Grains témoins	TG (%)	100 ± 2,17	100 ± 2,17	100 ± 2,17	100 ± 2,17
	TMG (jours)	5,26 ± 0,17	5,26 ± 0,17	5,26 ± 0,17	5,26 ± 0,17

(*) Les moyennes ± erreurs standards sont présentées ; GT : Germination totale ; TMG : Temps moyen de germination

Chez les grains témoins, le taux de germination est de 100%, valeur atteinte après sept jours de mise en germination. Chez les grains ayant subi le priming avec KCl (5, 10, 15 et 20 g/l) durant 12, 24 ou 36 h, le taux de germination a diminué lorsque la concentration de KCl augmente et la durée de priming s'allonge. Le taux de germination chez les grains trempés dans la plus faible concentration de NaCl (5 g/l) pendant 24 h est de l'ordre de 100%, ce même taux est observé chez les grains témoins. Cependant, une différence est notée au niveau du temps moyen de germination, cette valeur est de l'ordre de 2,84 jours chez les grains ayant subi le priming avec KCl, tandis qu'elle est de 5,26 jours chez les grains témoins.

De même, le plus faible taux de germination a concerné les grains qui ont été trempés dans la plus forte concentration de KCl (20 g/l) pendant la plus longue durée (36 h), il est de 61,22%. Les grains témoins ont pris cinq jours pour germer en présence d'eau distillée, tandis que les grains prétraités avec KCl ont pris moins de temps. Cette diminution du temps moyen de germination est d'autant plus que la concentration de KCl diminue et le temps de trempage des grains est réduit.

En résumé, le trempage des grains dans une solution de KCl à la concentration 5 g/l pendant 24 h, a donné le même taux de germination par rapport aux grains témoins, cependant, le temps moyen de germination est en faveur des grains prétraités avec KCl que les grains témoins.

1.3. Germination sous stress salin des grains de carthame ayant subi le priming

En raison de l'effet positif du priming avec NaCl et KCl avec les combinaisons respectives (5 g/l: 12 h) et (5 g/l, 24 h) en terme de temps moyen de germination, deux lots différents de grains ont été trempés séparément durant 12 h dans une solution osmotique contenant 5 g/l de NaCl et une solution de KCl durant 24 h. Ensuite, ces grains prétraités ont été mis à germer dans des boites de Pétri en présence de NaCl (0, 5, 10, 15 et 20 g/l) pendant 7 jours.

La germination des grains ayant subi le priming et les grains témoins a été réalisée dans une chambre de culture à une température de 23°C.

Les paramètres mesurés au cours de cet essai de germination sont : la germination totale, Temps moyen de germination, longueur de la radicule et masses fraiches et sèches des plantules.

1.3.1- Germination totale des grains de carthame

Selon la figure 3.1, en absence de NaCl dans le milieu de germination, les grains témoins et les grains prétraités ont germé (pourcentage de germination = 100%).

En présence de NaCl, les taux de germination des grains témoins et des grains prétraités diminuent significativement en fonction de la concentration de ce sel, c'est-à-dire, la plus forte concentration de NaCl (20 g/l), le taux de germination est compris entre 20 et 30%.

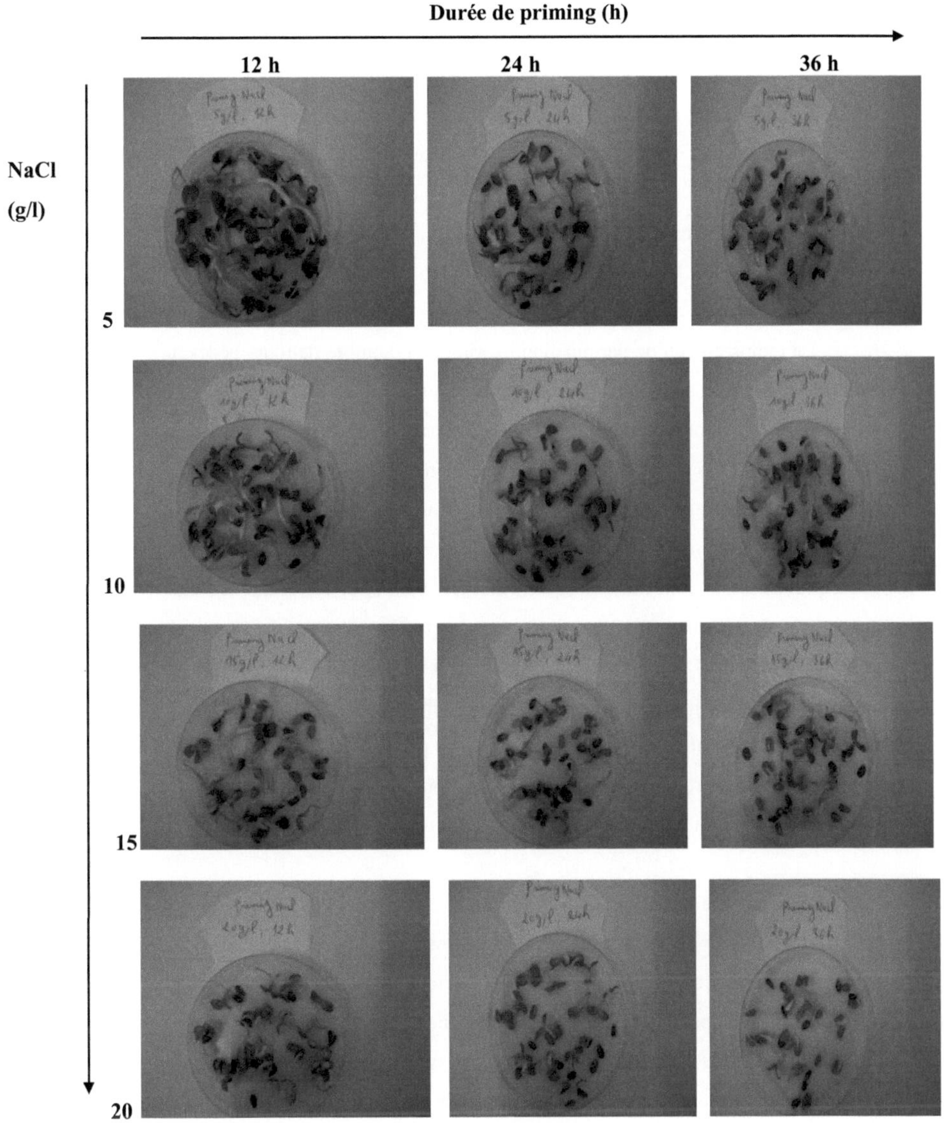

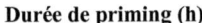

Planche 3.1. Germination des grains de carthame ayant subi le priming avec NaCl à différentes concentrations (5, 10, 15 et 20 g/l) et pendant des durées distinctes (12, 24, 36 h).

Toutefois, cette diminution du taux de germination, constatée au niveau de chaque concentration de NaCl (5, 10, 15 ou 20 g/l), est significativement moins importante chez les grains ayant reçu le priming avec NaCl que chez les grains ayant subi le priming avec KCl (Photos 3.2). Par exemple, à 15 g/l de NaCl, les grains ayant subi le priming avec NaCl ont un taux de germination de 91%, les grains ayant subi le priming avec KCl ont un taux 85% et les grains témoins ont un taux de 69%. Donc la différence du taux de germination entre les grains ayant subi le priming avec NaCl et KCl est de l'ordre de 6%, entre les grains ayant subi le priming avec NaCl et les grains témoins de 22% et entre les grains ayant subi le priming avec KCl et les grains témoins de 16%.

1.3.2- Temps moyen de germination (TMG)

Le temps moyen de germination exprimant le nombre de jours nécessaires pour que le taux de germination atteigne 100% est montré dans la figure 3.2. En absence de NaCl dans le milieu de germination, le temps moyen de germination des grains prétraités avec NaCl est de 2,5 jours, soit la moitié de celui des grains témoins (5 jours), alors que chez les grains ayant subi le priming avec KCl, le temps moyen de germination est de 3,65 jours.

En présence de NaCl, ce temps moyen de germination s'allonge en fonction de la concentration de la concentration de NaCl aussi bien pour les grains témoins que pour les grains prétraités. Ainsi, à la plus forte concentration de NaCl (20 g/l), le temps moyen de germination est de 7,5 jours chez les grains témoins, de 6.5 jours chez les grains prétraités avec NaCl, de 7,11 jours chez les grains ayant subi le priming avec KCl, soit une différence de temps de germination de 1 jour entre les grains prétraitées avec NaCl et les grains témoins. Par rapport à la germination en absence de sel, sous la contrainte saline de 20 g/l, ce temps a augmenté presque de 2 jours chez les grains témoins.

1.3.3- Longueur de la radicule des plantules

Au 7ème jour de mise en germination, la radicule a été mesurée (Fig. 3.3). Lorsque le milieu de germination est dépourvu de NaCl, les plantules des grains ayant reçu le priming avec NaCl (5 g/l pendant 12 h) ont une longueur de radicule plus longue que celle des plantules des grains témoins (sans priming) et celle des plantules des grains ayant subi le priming avec KCl, soit 34 mm contre 25 mm et 28 mm.

Lorsque le milieu est additionné de NaCl, la longueur de la radicule de tous les grains prétraités (priming avec NaCl et KCl) ou les grains témoins (sans priming) a diminué en fonction de la concentration de NaCl. En plus, quelque soit la concentration de NaCl dans le milieu de culture, toujours la radicule des grains prétraités est plus longue que celle des grains témoins. La longueur de la radicule a diminué suite à l'augmentation de la salinité dans le milieu de culture. A la plus forte concentration de NaCl (20 g/l), la longueur de radicule est de 16 mm chez les grains prétraités avec NaCl, 10 mm chez les grains prétraités avec KCl et 3 mm chez les grains témoins. Par ailleurs, les différences en termes de longueur de la radicule, constatées entre les grains témoins et les grains prétraités (priming NaCl et priming KCl), sont significatives à chaque concentration de NaCl dans le milieu de germination (0, 5, 10, 15 et 20 g/l).

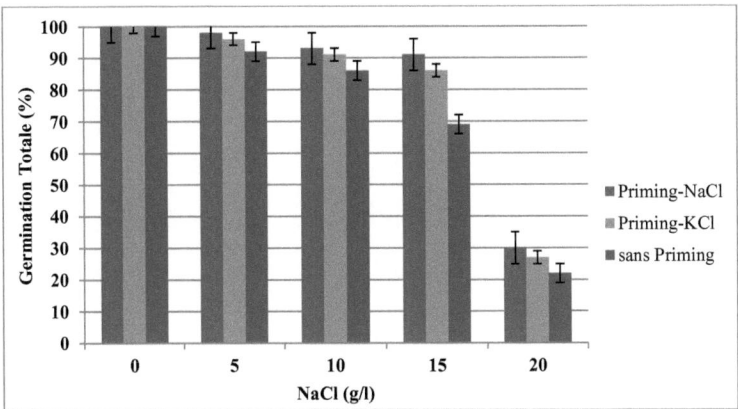

Fig. 3.1. Effet de NaCl sur la germination des grains de carthame prétraités (priming avec NaCl: 5 g/l; 12 h) (priming avec KCl: 5 g/l; 24 h) et des grains témoins (sans priming)

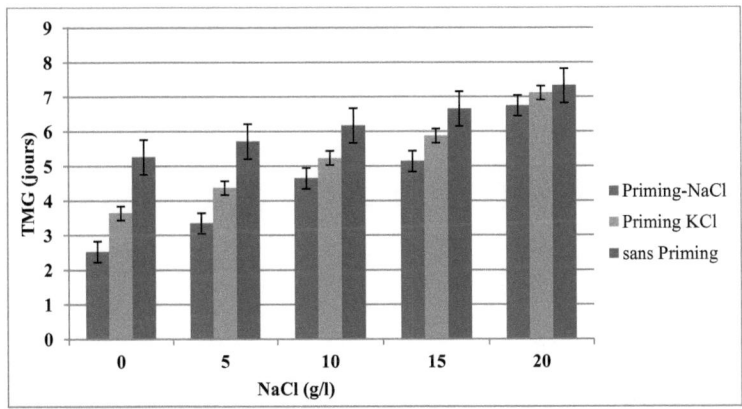

Fig. 3.2. Effet de NaCl sur le Temps Moyen de germination (TMG) des grains de carthame témoins et des grains prétraités (Priming NaCl: 5 g/l ; 12 h) (Priming KCl: 5 g/l, 24 h)

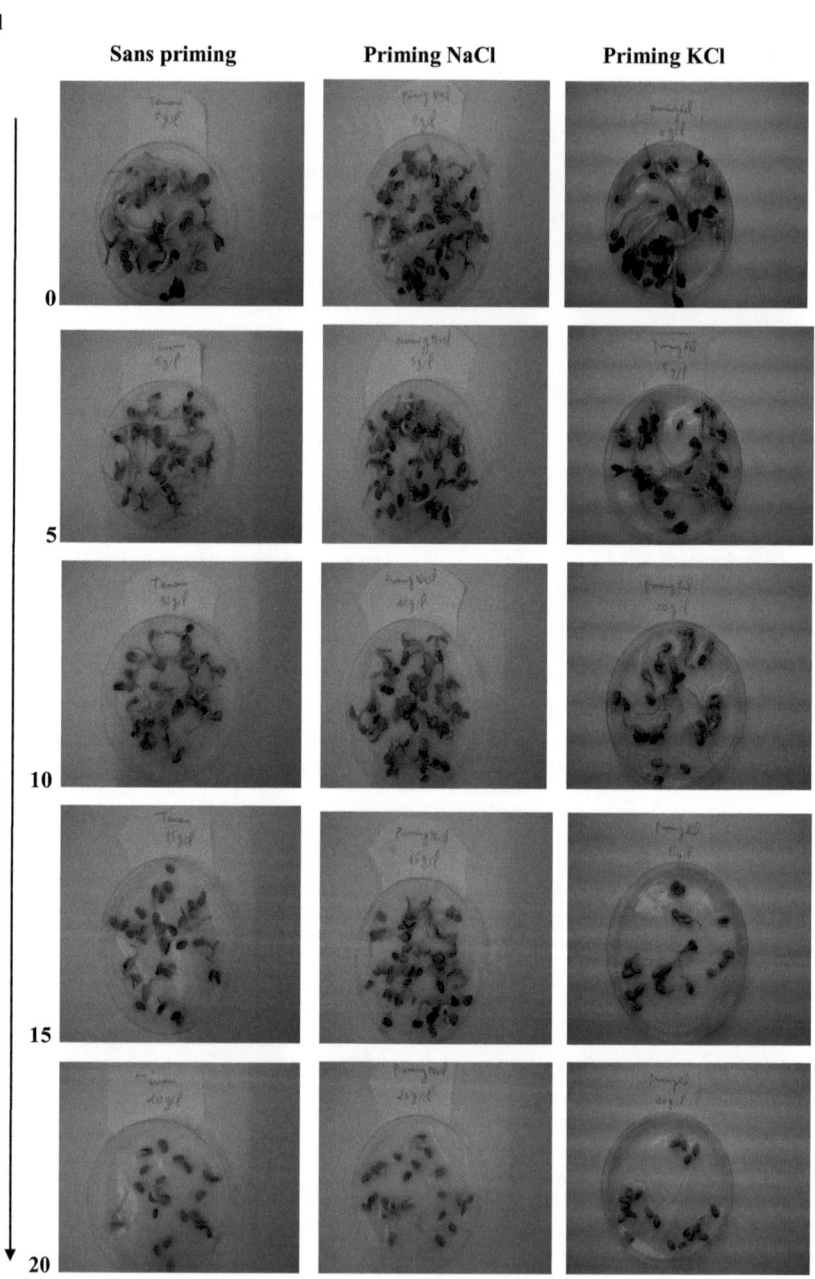

Planche 3.2. Effet de NaCl (0 à 20 g/l) sur la germination des grains de carthame témoins et des grains prétraités (NaCl: 5 g/l, 12 h) (KCl: 5 g/l, 24 h)

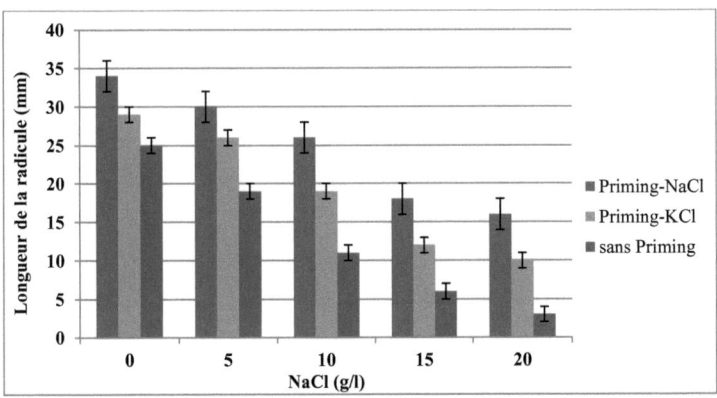

Fig. 3.3. Effet de NaCl sur la longueur de la radicule des plantules issues des grains de carthame témoins et des grains prétraités par NaCl (Priming-NaCl : 5 g/l, 12 h) (Priming KCl: 5 g/l, 24 h)

1.3.4- Matières fraîche et sèche des plantules

Chez les plantules âgées de 8 jours, les matières fraiche et sèche (radicule + cotylédons à tégument retiré) ont été déterminées (Fig. 3.4).

Sans NaCl dans le milieu de germination, les plantules issues des grains prétraités avec NaCl et celles issues des grains prétraités avec KCl ont une matière fraiche plus élevée que les plantules issues des grains témoins, respectivement 2,8 contre 3,8 et 3,4 g/plantule, soit une différence d'environ 1 g entre les grains prétraités avec NaCl et celles prétraités avec KCl.

En présence de NaCl, la matière fraiche, aussi bien des plantules issues des grains témoins que celle des plantules issues des grains prétraités, diminue en fonction de la concentration de NaCl dans le milieu de germination, mais cette diminution est plus accentuée chez les plantules des grains témoins que chez les plantules des grains prétraités. Sous la contrainte de la plus forte concentration de NaCl (20 g/l), la matière fraiche des plantules des grains témoins est de 0,7 g ; 1,1 g pour les plantules des grains prétraités avec KCl et 1,3 g pour les plantules des grains prétraités avec NaCl, soit une différence de poids de 0,5 g entre les plantules des grains témoins et les plantules des grains ayant subi le priming avec NaCl. La matière sèche de toute la plantule, cultivée en absence de NaCl est de 1,8 g (plantules issues des grains témoins), 1,92 g (plantules issues des grains prétraités avec KCl) à 2.1 g (plantules issues des grains prétraités avec NaCl). Mais, chez les plantules cultivées sous contrainte saline, la matière sèche des plantules issues des grains témoins et des plantules issues des grains prétraités diminue en fonction de la concentration de sel, cette diminution de biomasse a atteint sa valeur minimale avec la plus forte concentration de sel (20 g/l), elle est égale à -77% par rapport aux conditions témoins (absence de sel).

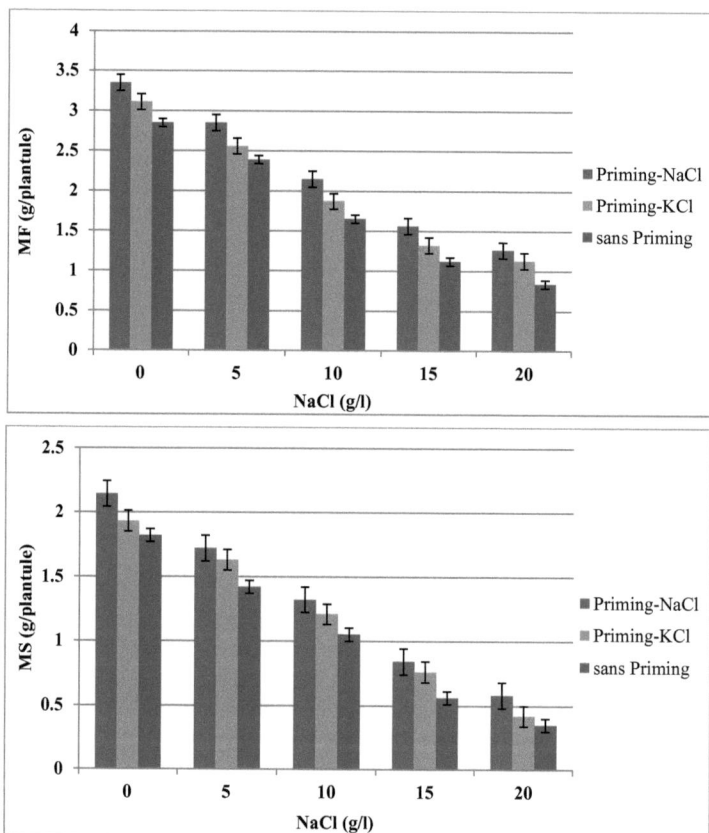

Fig. 3.4. Effet de NaCl sur les matières fraîche (MF) et sèche (MS)/plantule, issue des grains de carthame témoins et des graines prétraités (Priming-NaCl : 5 g/l, 12 h) (Priming-KCl: 5 g/l, 24 h)

2- Essai de culture de carthame en plein champs

2-1- Paramètres de croissance des plantes de carthame

2-1-1- Hauteur de la plante

Lorsque le NaCl n'est pas additionné dans l'eau d'irrigation, les plantes issues des grains témoins sont plus courtes que les plantes issues des grains prétraités avec NaCl et KCl.

Planche 3.3: Plantes de carthame issues des graines témoins n'ayant pas subi le priming et irriguées avec une eau dépourvue ou additionnée de NaCl (0, 3, 6, 9 et 12 g/l)

Planche 3.4: Plantes de carthame issues des graines ayant subi le priming avec NaCl (5 g/l ; 12 h) et irriguées avec une eau dépourvue ou additionnée de NaCl (0, 3, 6, 9 et 12 g/l)

En effet, les plantes issues des grains témoins, les plantes issues des grains ayant subi le priming avec NaCl et celles ayant subi le priming avec KCl ont des hauteurs moyennes respectivement 140, 160 cm et 150 cm.

Lorsque l'eau d'irrigation est additionnée de NaCl, la figure 3.5 montre que, quelque soit la concentration de NaCl, toujours les plantes issues des grains prétraités sont plus hautes que les plantes issues des grains témoins. Toutefois, ces types de plantes se raccourcissent en fonction de la concentration de NaCl. Dans ce cas, le plus grand raccourcissement est provoqué par la plus forte concentration de NaCl (12 g/l), il est de 21% chez plantes issues des grains témoins, 22% chez les plantes issues des grains prétraités avec KCl et de 24% chez les plantes issues des grains prétraités avec NaCl, par rapport aux plantes cultivées en absence de NaCl dans l'eau d'irrigation.

En résumé, les plantes issues des grains prétraités avec NaCl et irriguées avec une eau dépourvue ou chargée de NaCl (3 à 12 g/l), demeurent les plus hautes (Planche 3.3). Dans ces mêmes conditions, les plantes issues des grains prétraités avec KCl viennent en deuxième position, tandis que les plantes issues des grains témoins demeurent les plus courtes (Planche 3.4).

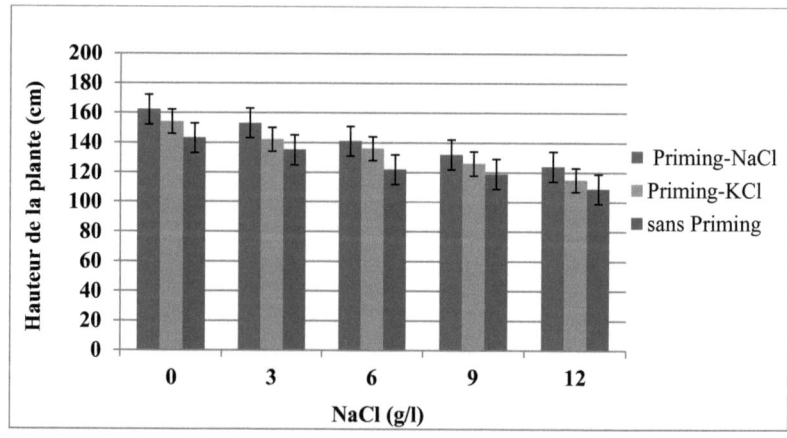

Fig. 3.5: Effet de NaCl, additionné dans l'eau d'irrigation, sur la hauteur des plantes de carthame issues des grains prétraités (priming-NaCl, Priming KCl) ou des grains témoins et cultivées en plein air.

2-1-2- Matières fraiche et sèche des organes aériens

En absence de NaCl dans l'eau d'irrigation, les plantes issues des grains prétraités avec NaCl ont doublé la production de matière fraîche des organes aériens par rapport aux plantes issues des grains témoins, soit 430 g/plante contre 210 g/plante. Pour les plantes issues des grains ayant subi le priming avec KCl, le rendement en matière fraiche par plante est de 321 g/plante.

En présence de NaCl, la matière fraiche des organes aériens, aussi bien des plantes issues des grains témoins que celle des plantes issues des grains prétraités avec NaCl et KCl diminuent suite à l'augmentation de la salinité dans le milieu de culture. Ainsi, en présence de la plus forte concentration de NaCl (12 g/l), la diminution de la matière fraiche de la partie aérienne par rapport aux plantes cultivées en absence de sel est de l'ordre de 300% pour les plantes issues des grains témoins, 156% pour les plantes issues des grains prétraités avec NaCl, 243% pour les plantes issues des grains prétraités avec KCl. Néanmoins, quelque soit la concentration de NaCl dans l'eau d'irrigation, les plantes issues des grains prétraités avec NaCl restent les plus productives en matière de biomasse que les plantes issues des grains témoins et les plantes issues des grains prétraités avec KCl.

Sans addition de NaCl dans l'eau d'irrigation, les plantes issues des grains prétraités avec NaCl et KCl élaborent plus de matière sèche au niveau de leurs organes aériens que les plantes issues des grains témoins, les plantes pèsent respectivement 155 g, 125 g et 110 g. En présence de NaCl dans l'eau d'irrigation, les plantes issues des grains prétraités avec NaCl et KCl restent plus productives que les plantes issues des grains témoins et ceci quelque soit la concentration du sel dans le milieu de culture. Par exemple, chez les plantes irriguées avec une eau à une concentration de 12 g/l de NaCl et par rapport aux plantes irriguées avec une eau dépourvue de sel, la réduction du poids sec est de l'ordre de 52% pour les plantes issues des grains prétraités avec NaCl, 54% pour les plantes issues des grains prétraités avec KCl et de 56% pour les plantes issues des grains témoins.

En résumé, quelque soit la concentration de NaCl ajoutée dans l'eau d'irrigation, les plantes issues des grains prétraités avec NaCl et KCl restent plus productives en matières fraîche et sèche des organes aériens que les plantes issues des grains témoins (Fig. 3.6 et 3.7).

2-1-3- Matières fraiche et sèche des racines

En absence de NaCl dans l'eau d'irrigation, les plantes issues des grains prétraités avec NaCl et KCl ont une matière fraîche des racines (photo 3.5) plus élevée que celle des plantes issues des grains témoins, soit 250 g/plante (plantes issues des grains prétraités avec NaCl), 230 g/plante (plante issues des grains prétraités avec KCl), 200 g/plante (plantes issues des grains témoins), soit une différence par rapport aux plantes témoins de 25% chez les plantes issues des grains ayant subi le priming avec NaCl et 15% chez les plantes issues des grains ayant subi le priming avec KCl.

En présence de NaCl, la matière fraiche des racines, aussi bien des plantes issues des grains témoins que celle des plantes issues des grains prétraités avec NaCl et KCl, diminuent en fonction de la concentration de NaCl dans l'eau d'irrigation. Ainsi, à une concentration de 12 g/l de NaCl et par rapport aux plantes cultivées en absence de sel, la diminution de la matière fraiche est de 264% pour les plantes issues des grains témoins, 155% pour les plantes issues des grains prétraités avec NaCl et 243% pour les plantes issues des grains prétraités avec KCl. Néanmoins, la matière fraiche des racines des plantes issues des grains prétraités avec NaCl est la plus élevée que celle des racines des plantes issues des grains témoins et les plantes issues des grains prétraités avec KCl.

Par ailleurs, à chaque concentration de NaCl (0, 5, 10, 15 et 20 g/l), les différences en terme de matière fraîche, entre les plantes issues des grains témoins et les plantes issues des grains prétraités (priming-NaCl) (priming KCl), sont significatives (Fig. 3.8).

En absence de sel dans l'eau d'irrigation, les plantes issues des grains ayant subi le priming avec NaCl ont les valeurs les plus élevées en matière sèche des racines que celle des racines des plantes issues des grains témoins et les plantes issues des grains ayant subi le priming avec KCl, elles pèsent 31 et 27 et 29 g respectivement.

Quelque soit la concentration de NaCl additionnée dans l'eau d'irrigation, les plantes issues des grains prétraités ont une matière sèche des racines plus élevée que celles des racines des plantes issues des grains témoins. En dépit du prétraitement que les grains ont reçu, le rendement en matière sèche des racines a chuté autant que celui des plantes issues des grains témoins suite à l'augmentation de la concentration de NaCl dans l'eau d'irrigation. En effet, en présence de la plus forte concentration de NaCl (12 g/l) et par rapport aux plantes irriguées avec une eau dépourvue de sel, la diminution est de l'ordre de 52% pour les plantes issues des grains prétraités avec NaCl, 56% pour les plantes issues des grains prétraités avec KCl et de 60% pour les plantes issues des grains témoins (Fig. 3.9).

2-1-4- Nombre de branches par plante

Au cours de la phase de floraison, le nombre de branches ou ramifications de la tige principale a été déterminé (photo 3.6). Lorsque l'eau d'irrigation est dépourvue de NaCl, les plantes issues des grains ayant reçu le priming avec NaCl et KCl ont produit plus de branches que les plantes issues des grains témoins (sans priming), soit 18 et 17 branches pour les plantes issues des grains prétraités contre 15 branches/plante pour les plantes issues des grains témoins. Cependant, lorsque l'eau d'irrigation est pourvue de sel (NaCl), le nombre de branches par plante, aussi bien pour les plantes issues des grains prétraités (priming avec NaCl) (priming avec KCl) ou celui des plantes issues des grains témoins, a diminué suite à l'augmentation de la concentration de NaCl dans l'eau d'irrigation. En plus, quelque soit la concentration de NaCl, toujours le nombre de branches des plantes issues des grains prétraités est plus élevé que celui des plantes issues des grains témoins. Cette différence du nombre de branches par plante s'est accentué avec la concentration de NaCl, elle a atteint son maximum (30%) sous la contrainte de la plus forte concentration de sel (12 g/l) (Fig. 3.10).

En résumé, les plantes issues des grains prétraités avec NaCl sont les plus ramifiées, quelque soit la concentration de NaCl dans l'eau d'irrigation. Ceci veut dire que le priming avec NaCl a stimulé la ramification des plantes cultivées en absence ou en présence du stress salin (NaCl). Les plantes issues des grains prétraités avec KCl viennent en deuxième position en matière de ramifications par plante, cependant, les plantes issues des grains témoins sont les moins ramifiées.

Photo 3.5: Racine de carthame

Photo 3.6: Plante de carthame avec branches porteuses de capitules fleuris

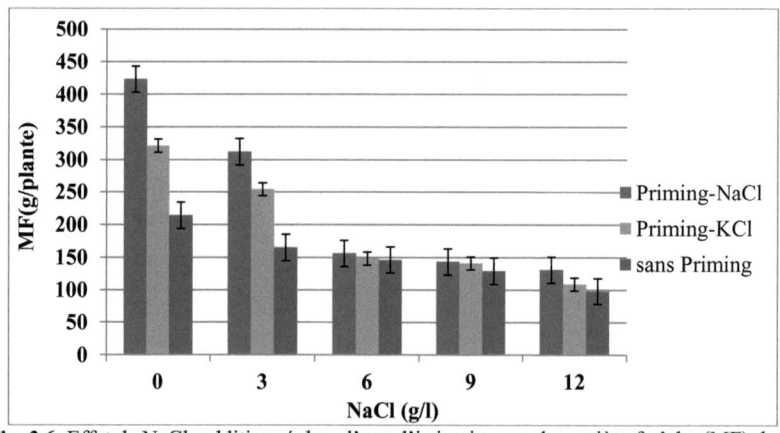

Fig. 3.6: Effet de NaCl, additionné dans l'eau d'irrigation, sur la matière fraîche (MF) de la partie aérienne des plantes de carthame issues des grains prétraités (priming-NaCl) (priming-KCl) ou des grains témoins et cultivées en plein air.

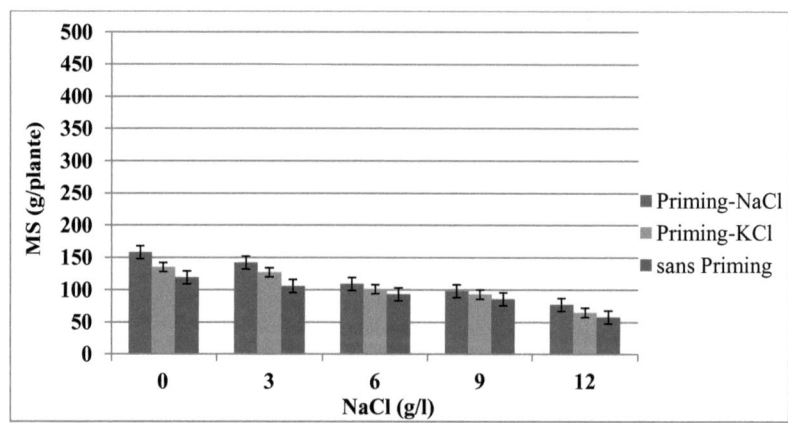

Fig. 3.7. Effet de NaCl, additionné dans l'eau d'irrigation, sur la matière sèche (MS) de la partie aérienne des plantes de carthame issues des grains prétraités (priming-NaCl) (priming-KCl) ou des grains témoins et cultivées en plein air.

2-1-4- Nombre de capitules par plante

Les capitules (photo 3.7), comptés sur une même plante, sont produits à la terminaison de chaque branche primaire ou secondaire. Selon la figure 3.11, lorsque la culture ne reçoit pas de NaCl dans l'eau d'irrigation, les plantes issues des grains témoins ont produit une moyenne de capitules de l'ordre de 27 capitules/plante, les plantes issues des grains prétraités avec NaCl ont produit une moyenne de 58 capitules/plante, par contre, les plantes issues des grains ayant subi le priming avec KCl ont produit une moyenne de 43 capitules/plante. La différence du nombre de capitule entre les plantes issues des grains témoins et les plantes issues des grains ayant subi le priming avec NaCl est de l'ordre de 31 capitules, plus que de 50%. Dès qu'on a ajouté le NaCl dans l'eau d'irrigation, la capacité des plantes de production des capitules a diminué au fur et à mesure que la concentration de NaCl a augmenté dans l'eau d'irrigation. Malgré cette diminution et en dépit de la plus forte contrainte saline (NaCl = 12 g/l), la plante est encore capable de se ramifier et de produire par conséquent des capitules.

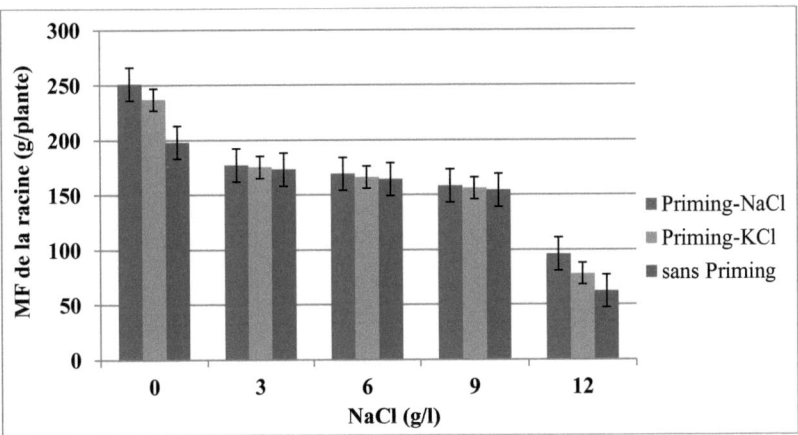

Fig. 3.8. Effet de NaCl, additionné dans l'eau d'irrigation, sur la matière fraiche (MF) des racines des plantes de carthame issues des grains prétraités ou des grains témoins et cultivées en plein air.

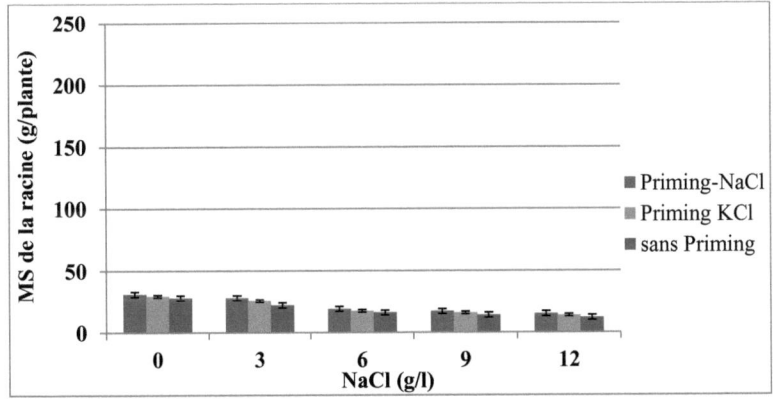

Fig. 3.9. Effet de NaCl, additionné dans l'eau d'irrigation, sur la matière sèche (MS) des racines des plantes de carthame issues des grains prétraités ou des grains témoins et cultivées en plein air.

Dans ce cas, le nombre moyen de capitules/plante est de l'ordre de 12 chez les plantes issues des grains témoins, 27 capitules chez les plantes issues des grains prétraités avec NaCl et 23 capitules chez les plantes issues des grains prétraités avec KCl. Toutefois, cette diminution du nombre de capitules, constatée au niveau de chaque concentration de NaCl (3, 6, 9 ou 12 g/l), est moins importante chez les plantes issues des grains ayant reçu le priming avec NaCl et KCl que chez les plantes issues des grains témoins (Fig. 3.11).

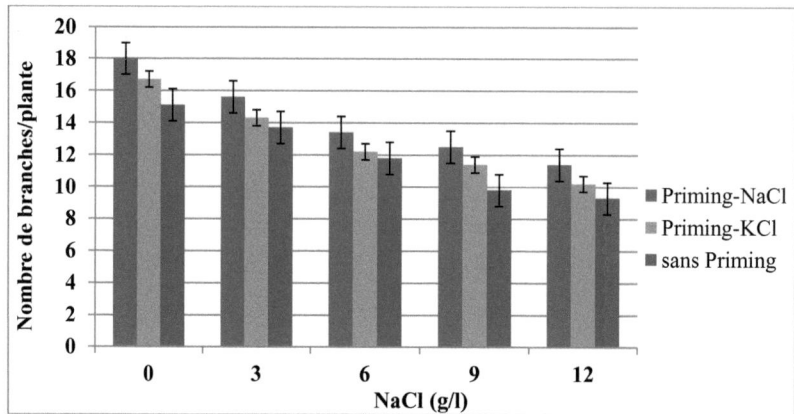

Fig. 3.10: Effet de NaCl, additionné dans l'eau d'irrigation, sur le nombre de branches/plante chez les plantes issues des grains prétraités ou des grains témoins et cultivées en plein air.

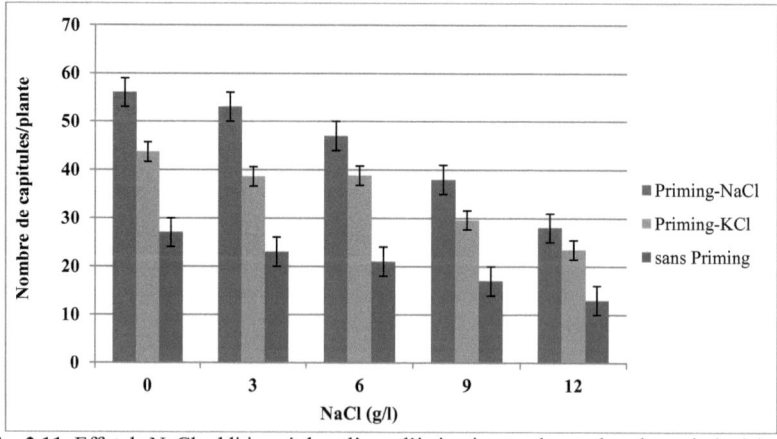

Fig. 3.11: Effet de NaCl additionné dans l'eau d'irrigation sur le nombre de capitules/plante chez les plantes de carthame issues des grains prétraités ou des grains témoins et cultivées en plein air.

Photo 3.7: Capitule de carthame au stade floraison

2-1-5- Surface foliaire

En absence de sel dans le milieu de culture, la surface foliaire des plantes issues des grains prétraités avec NaCl et KCl est le double de celle des plantes issues des grains témoins. Elle est de l'ordre de 80 cm^2 pour les plantes issues des grains prétraités avec NaCl, 65 cm^2 pour les plantes issues des grains prétraités avec KCl et 40 cm^2 pour les plantes issues des grains témoins.

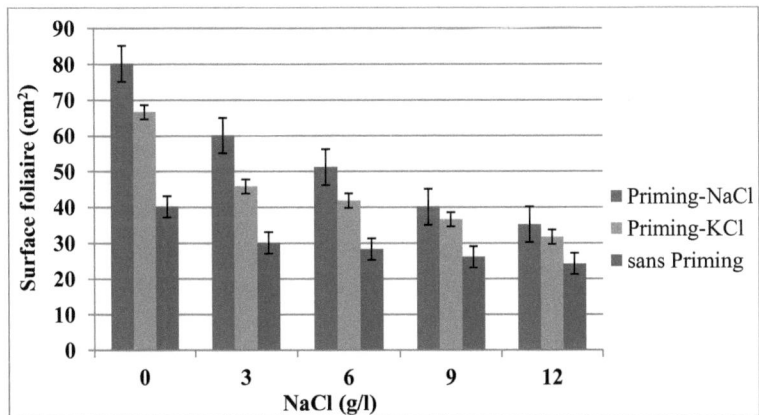

Fig. 3.12: Effet de NaCl, additionné dans l'eau d'irrigation, sur la surface foliaire des plantes de carthame issues des grains prétraités ou des grains témoins et cultivées en plein air.

En présence de NaCl, la surface foliaire, aussi bien pour les plantes issues des grains témoins et des plantes issues des grains prétraités avec NaCl et KCl, a diminué suite à l'augmentation de la concentration de NaCl dans l'eau d'irrigation. Ainsi, sous la plus forte concentration (NaCl = 12 g/l), la moyenne de la surface foliaire est de l'ordre de 25 cm^2 chez les plantes issues des grains témoins, 30 cm^2 chez les plantes issues des grains prétraités avec NaCl et 32% chez les plantes issues des grains prétraités avec KCl. Quelque soit la concentration de NaCl dans l'eau d'irrigation, les plantes issues des grains prétraités ont développé une surface foliaire toujours plus importante que celles des plantes issues des grains témoins. De même, selon la figure 3.12, le priming des grains avec NaCl et KCl a stimulé la surface foliaire de la plante, aussi bien en absence qu'en présence de NaCl, quelque soit sa concentration. Par ailleurs, les différences entre les plantes issues des grains témoins et les plantes issues des grains prétraités (priming NaCl) (priming KCl) sont significatives.

2-2- Paramètres de rendement
2-2-1- Evolution du rendement en pétales frais

Selon la planche 3.15, les plantes de carthame ont fleurit 170 jours après semis (semis le 1er novembre et début de floraison le 20 avril). Cette floraison a duré 30 jours (du 19 avril au 19 mai). Le maximum de production en pétales est compris entre le 05 mai et 10 mai. Le pic de floraison de la plante de carthame se situe au milieu de la période de floraison (5 à 10 Mai). Lors du pic de floraison et en absence de sel dans l'eau d'irrigation, le rendement en pétales frais est de l'ordre de 20 pour les plantes issues des grains témoins, 23 g/m^2 pour les plantes issues des grains ayant subi le priming avec KCl et 27 g/m^2 pour les plantes issues des grains ayant subi le priming avec NaCl.

Cependant, lorsque l'eau d'irrigation est chargée en NaCl (3 à 12 g/l), le pic de rendement en pétales frais a diminué suite à l'augmentation de NaCl dans l'eau d'irrigation. Ainsi, en présence de la plus forte concentration de NaCl (12 g/l), la valeur de ce pic est de 14 g/m^2 pour les plantes issues des grains témoins, 15 g/m^2 pour les plantes issues des grains prétraités avec KCl et de 17 g/m^2 pour les plantes issues des grains prétraités avec NaCl. Ainsi, le meilleur pic de rendement en pétales frais est obtenu chez les plantes issues des grains prétraités avec NaCl.

Ce pic est atteint le 7 mai pour toutes les plantes, quelque soit l'origine de leurs grains. La date de ce pic se trouve avancée suite à l'addition progressive de NaCl dans l'eau d'irrigation. En effet, en présence de la plus forte concentration de NaCl, la date de ce pic est avancée de 3 jours pour les plantes issues des grains témoins et les plantes issues des grains prétraités avec KCl et de 4 jours pour les plantes issues des grains prétraités avec NaCl. En résumé, le priming avec NaCl et KCl des grains permet aux plantes correspondantes d'avancer le pic de floraison et d'augmenter le rendement en pétales frais.

2-2-2- Rendement en pétales frais et sec

En absence de NaCl dans l'eau d'irrigation, les plantes issues des grains prétraités avec NaCl et KCl ont un rendement total en pétales frais respective de 220 g/m^2 et 180 g/m^2 alors que les plantes issues des grains témoins ont un rendement de 100 g/m², soit une différence de 120 g/m² entre les plantes issues des grains ayant subi le priming et les plantes issues des grains témoins. En présence de NaCl dans le milieu de culture, les rendements totaux en pétales frais, des plantes issues des grains témoins des plantes issues des grains prétraités diminuent en fonction de la concentration de NaCl dans l'eau d'irrigation. Mais cette diminution est plus accentuée chez les plantes issues des grains témoins que chez les plantes issues des grains prétraités. La figure 3.13 montre que la floraison reste possible même en présence de la plus forte concentration de NaCl (12 g/l), dans ce cas, le rendement est de l'ordre de 60, 120 et 150 g/m² respectivement pour les plantes issues des grains témoins, les plantes issues des grains prétraités avec KCl et les plantes issues des grains prétraités avec NaCl. Par ailleurs, les différences de rendement en pétales frais, constatées entre les plantes issues des grains témoins et les plantes issues des grains prétraités avec NaCl et KCl sont significatives à chaque concentration de NaCl dans le milieu de culture (Fig. 3.13).

Quant au rendement en pétales secs, il reste supérieur chez les plantes issues des grains prétraités avec NaCl (60 g/m²), que les plantes issues des grains prétraités avec KCl (55 g/m²) et les plantes issues des grains témoins (40 g/m²), soit une différence d'environ 34%. Suite à l'application de NaCl dans l'eau d'irrigation, le rendement total en pétales secs, aussi bien des plantes issues des grains témoins que les plantes issues des grains prétraités a diminué en fonction de la concentration du sel dans l'eau, mais cette diminution est plus accentuée chez les plantes issues des grains témoins que chez les plantes issues des grains prétraités avec NaCl et KCl.

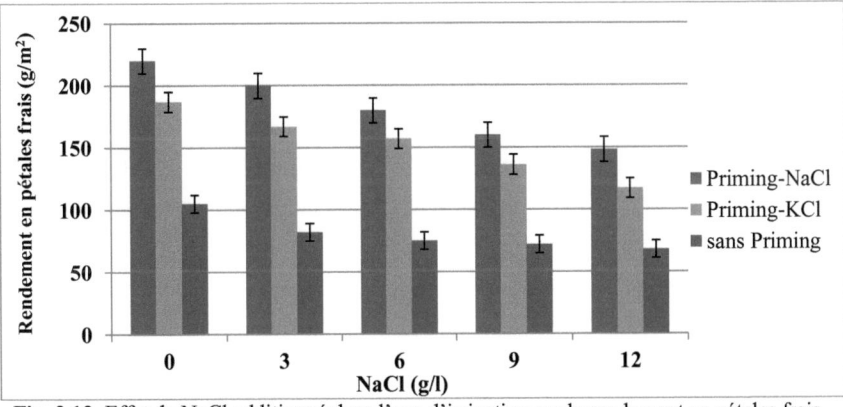

Fig. 3.13. Effet de NaCl additionné dans l'eau d'irrigation sur le rendement en pétales frais des plantes issues des grains prétraités (priming avec NaCl 5g/l, 12 h) (priming avec KCl 5 g/l, 24 h) ou des grains témoins et cultivées en plein air.

La figure 3.14 montre que le rendement en pétales secs, pour les plantes irriguées avec la forte concentration de sel (NaCl = 12 g/l), est de l'ordre de 20, 30 et 40 g/m² respectivement pour les plantes issues des grains témoins, les plantes issues des grains prétraités avec KCl et les plantes issues des grains prétraités avec NaCl.

Les différences de rendement en pétales secs, observées entre les plantes issues des grains témoins et les plantes issues des grains ayant subi le priming avec NaCl et KCl, sont significatives à chaque niveau de salinité dans le milieu de culture (Fig. 3.14).

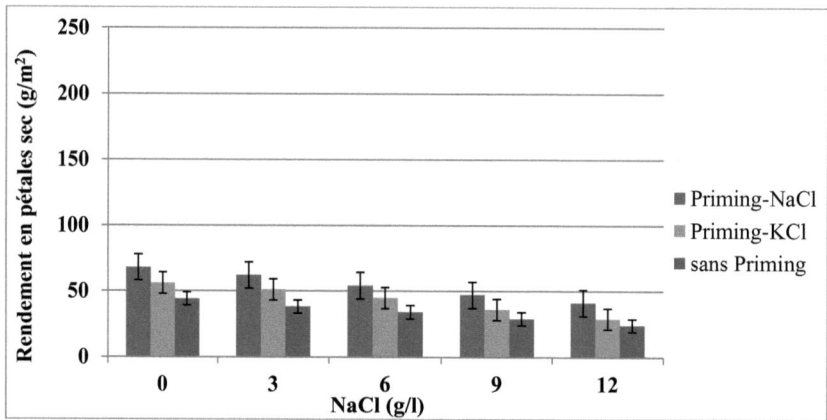

Fig. 3.14. Effet de NaCl additionné dans l'eau d'irrigation sur le rendement en pétales sec des plantes issues des grains prétraités (priming avec NaCl 5g/l, 12 h) (priming avec KCl 5 g/l, 24 h) ou des grains témoins et cultivés en plein air.

2-2-3- Rendement en grains

Selon la figure 3.16, et en absence de sel dans l'eau d'irrigation, les plantes issues des grains prétraités avec NaCl ont un rendement en grains plus élevé (220 g/m² équivalent à 2.2 t/ha) que les plantes issues des grains prétraités avec KCl (190 g/m² équivalent à 1.9 t/ha) et les plantes issues des grains témoins (170 g/m² équivalent à 1.7 t/ha), soit une différence d'environ 50 g/m² entre les plantes issues des grains témoins et les plantes issues des grains ayant subi le priming avec NaCl.

En présence de NaCl dans l'eau d'irrigation, les plantes issues des grains témoins et les plantes issues des grains prétraités avec NaCl et KCl, la nouaison des fleurs et l'évolution des ovules fécondés en grains restent possible même sous la plus forte contrainte saline (12 g/l). Dans ce cas, les rendements en grains sont de l'ordre de 0.9 t/ha pour les plantes issues des grains témoins, 1.1 t/ha pour les plantes issues des grains prétraités avec KCl et 1.3 t/ha pour les plantes issues des grains prétraités avec NaCl. Cependant, les rendements en grains, des plantes issues des grains témoins et des plantes issues des grains prétraités avec NaCl et KCl ont diminué en fonction de la concentration de NaCl dans l'eau d'irrigation. Cette diminution est plus accentuée chez les plantes issues des grains témoins que chez les plantes issues des grains prétraités. Quelque soit la concentration de NaCl, les différences de rendements en grains, constatées entre les plantes des grains témoins et les plantes issues des grains prétraités sont significatives à chaque concentration de NaCl dans le milieu de culture.

2-2-4- Poids de 1000 grains

Selon la figure 3.17, en absence de NaCl dans l'eau d'irrigation, le poids de 1000 grains est plus élevé chez les plantes issues des grains prétraités avec NaCl (75 g) que chez les plantes issues des grains prétraités avec KCl (73 g) et les plantes issues des grains témoins (70 g). Sous stress salin, aussi bien chez les plantes issues des grains témoins que chez les plantes issues des grains prétraités avec NaCl et KCl, le poids de 1000 grains a diminué suite à l'augmentation de NaCl dans l'eau d'irrigation.

Par rapport aux plantes n'ayant subi aucun traitement salin, la chute du poids de 1000 grains chez les plantes irriguées avec la plus forte concentration de NaCl, est de l'ordre de 14 g (20%) chez les plantes issues des grains témoins, 13 g (18%) chez les plantes issues des grains prétraités avec KCl et 13 g (17%) chez les plantes issues des grains prétraités avec NaCl (photo 3.8).

Photo 3.8: Grains de carthame

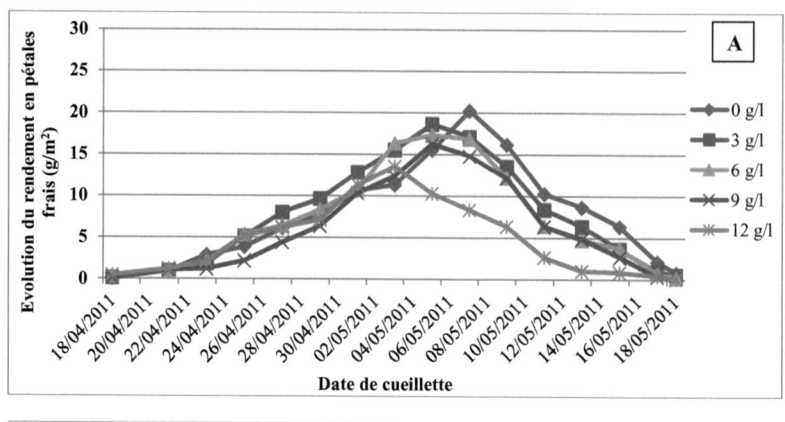
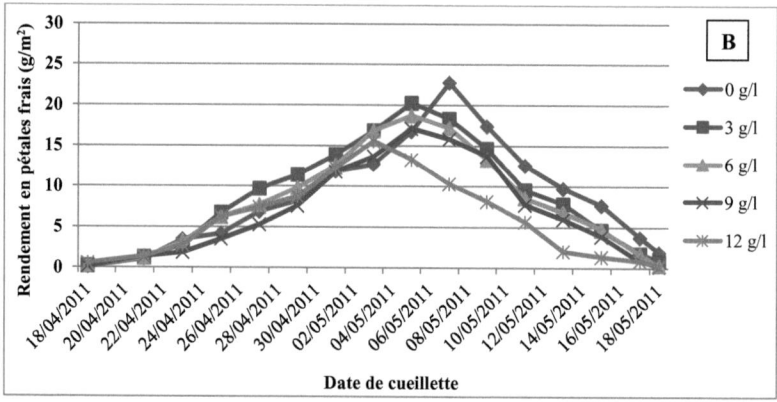
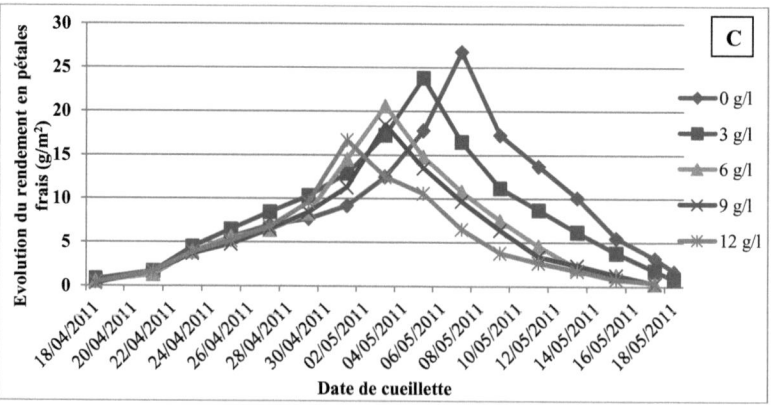

Planche 3.15. Effet de NaCl additionné dans l'eau d'irrigation sur l'évolution du rendement en pétales frais des plantes de carthame issues des grains témoins (A), des grains prétraités avec KCl (B) et des grains prétraités avec NaCl (C)

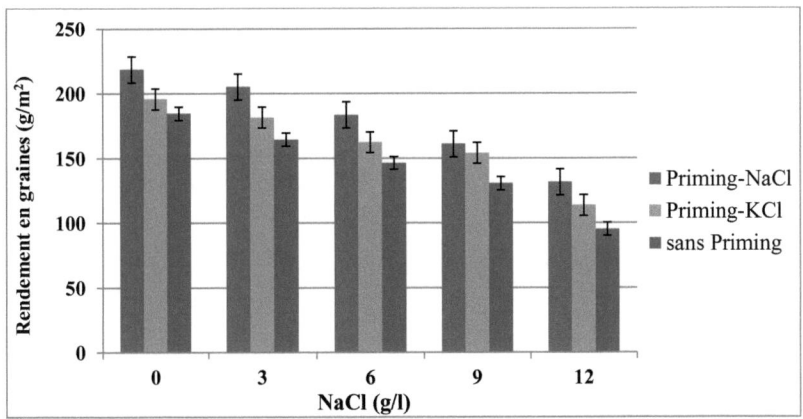

Fig. 3.16: Effet de NaCl additionné dans l'eau d'irrigation sur le rendement en grains des plantes issues des grains prétraités ou des grains témoins et cultivées en plein air.

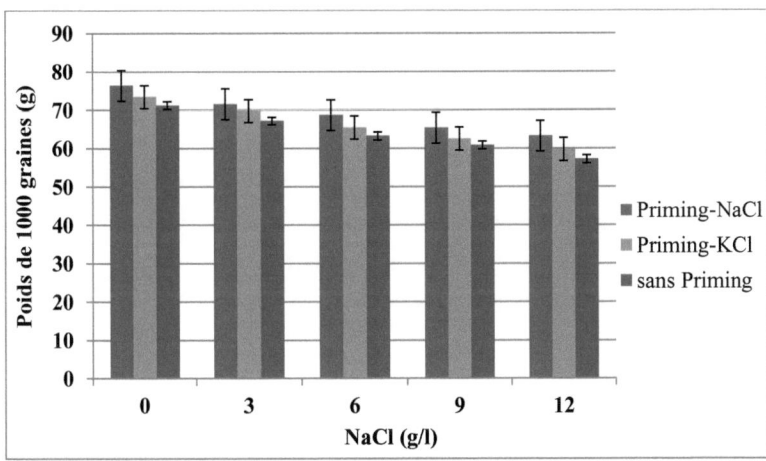

Fig. 3.17: Effet de NaCl additionné dans l'eau d'irrigation sur le poids de 1000 grains (g) des plantes de carthame issues des grains prétraités ou des grains témoins et cultivées en plein air.

3- Paramètres biochimiques des plantes de carthame

3-1- Teneurs en chlorophylles

Le tableau 3.3 montre l'effet de la technique de priming sur les teneurs en chlorophylles a, b et leur rapport (a/b) des feuilles des plantes, qui sont issues des grains témoins ou des grains prétraités avec NaCl et KCl et cultivées en absence ou en présence de sel.

En effet, en absence de NaCl dans l'eau d'irrigation, les feuilles des plantes issues des grains prétraités avec NaCl sont plus riches en chlorophylles (a et b) que les feuilles des plantes issues des grains prétraités avec KCl et les feuilles des plantes issues des grains témoins. Les augmentations des teneurs en chlorophylles (a) et (b) chez les plantes issues des grains prétraités avec NaCl et celles avec KCl par rapport aux plantes issues des grains témoins sont respectivement de l'ordre de 32% et 21%.

En présence de NaCl dans l'eau d'irrigation, les teneurs en chlorophylles a et b des feuilles, prélevées sur des plantes issues des grains prétraités avec NaCl, KCl ou des plantes issues des grains témoins, ont diminué en fonction de la concentration de NaCl dans l'eau d'irrigation. En effet, en présence de la plus forte concentration de NaCl (12 g/l), et par rapport aux plantes n'ayant pas reçu de sel dans l'eau d'irrigation, la diminution de la chlorophylle a est de l'ordre de 15% chez les plantes issues des grains prétraités avec NaCl, 27% chez les plantes issues des grains prétraités avec KCl et 46% chez les plantes issues des grains témoins. Concernant la chlorophylle b, la diminution est de l'ordre de 59% chez les plantes issues des grains prétraités avec NaCl, 64% pour les plantes issues des grains prétraités avec KCl et 69% pour les plantes issues des grains témoins. A chaque concentration de NaCl (0, 3, 6, 9 et 12 g/l), les différences relatives aux teneurs des deux pigments chlorophylliens (a et b) et leur rapport (a/b) entre les plantes issues des grains témoins et les plantes issues des grains prétraités sont significatives. D'une façon générale, le prétraitement des grains au NaCl, avant le semis, a amélioré de façon notable les teneurs en chlorophylles foliaires des plantes, cultivées en absence ou en présence de sel.

3-2- Teneurs en proline

La figure 3.18 montre l'effet de NaCl contenu dans l'eau d'irrigation et de la technique de priming sur la teneur en proline chez les feuilles des plantes issues des grains témoins et des plantes issues des grains prétraités avec NaCl et KCl. Ainsi, lorsque l'eau d'irrigation est dépourvue de NaCl, les teneurs en proline des plantes issues des grains prétraités avec NaCl et KCl sont plus élevées que celles des plantes issues des grains témoins.

Suite à l'addition de NaCl dans l'eau d'irrigation, la teneur en proline des plantes a augmenté significativement en fonction de la concentration de NaCl, aussi bien pour les plantes issues des grains témoins que pour les plantes issues des grains prétraités avec NaCl ou KCl. A la plus forte concentration de NaCl (12 g/l), et par rapport aux plantes n'ayant pas reçu de sel dans l'eau d'irrigation, l'augmentation des teneurs en proline des plantes est de l'ordre de 200% pour les plantes issues des grains témoins, 210% pour les plantes issues des grains prétraités avec KCl et 225% pour les plantes issues des grains prétraités avec NaCl. De même, les différences observées pour chaque concentration de NaCl (0 à 12 g/l) pour la teneur en proline entre les trois types de plantes sont significatives.

Tableau 3.3: Effet de NaCl, additionné dans l'eau d'irrigation, sur les teneurs en chlorophylles a et b (chl a, chl b) foliaires des plantes de carthame issues des grains ayant subi le priming et des plantes issues des grains témoins (sans priming) et cultivées en plein air.

Traitements		Chl (a)	Chl (b)	Ratio
NaCl	Priming	(mg.g^{-1} MF)	(mg. g^{-1} MF)	chl(a)/chl(b)
	Priming avec NaCl	1.628^a	0.824^a	1.975^f
0	Priming avec KCl	1.495^c	0.729^b	2.051^f
	Sans priming	1.236^f	0.627^c	1.971^f
	Priming avec NaCl	1.532^b	0.706^b	2.169^e
3	Priming avec KCl	1.321^e	0.608^c	2.172^e
	Sans priming	1.195^f	0.514^e	2.324^d
	Priming avec NaCl	1.402^d	0.596^d	2.354^d
6	Priming avec KCl	1.209^f	0.487^f	2.482^d
	Sans priming	0.952^h	0.394^g	2.416^d
	Priming avec NaCl	1.306^e	0.467^f	2.796^c
9	Priming avec KCl	1.092^g	0.381^g	2.866^c
	Sans priming	0.806^i	0.271^i	2.974^c
	Priming avec NaCl	1.224^f	0.334^h	3.664^b
12	Priming avec KCl	0.893^i	0.197^j	4.532^a
	Sans priming	0.671^j	0.194^j	3.458^b

Les moyennes suivies de la même lettre ne se diffèrent pas significativement selon le test de Duncan à 5%
MF : Matière fraiche des feuilles

3-3- Teneurs en protéines

Selon la figure 3.19, lorsque la culture est irriguée uniquement avec l'eau témoin (eau de barrage de Nebhana), les feuilles prélevées des plantes issues des grains prétraités avec NaCl et KCl sont plus riches en protéines solubles que les feuilles des plantes issues des grains témoins (une différence de 6%). Mais, dès qu'on a ajouté le sel dans cette même eau d'irrigation, les plantes ont intensifié la synthèse et l'accumulation des protéines solubles au fur et à mesure que la concentration de sel augmente. Par conséquent, les plus grandes teneurs de protéines ont été atteintes chez les plantes ayant reçues la plus forte concentration de NaCl (12 g/l). Dans ce cas, les augmentations calculées par rapport aux conditions témoins (absence de NaCl dans l'eau d'irrigation) sont de 133% pour les plantes issues des grains témoins et de 165% pour les plantes issues des grains prétraités avec NaCl. En plus, les différences constatées à chaque concentration de NaCl (0 à 12 g/l) entre les trois types de plantes sont significatives.

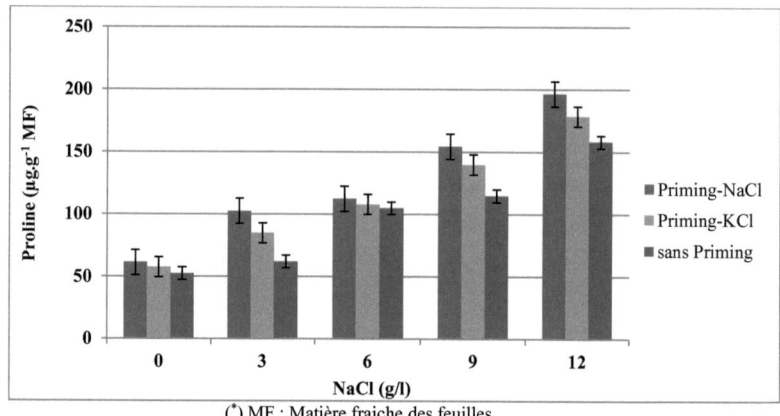

(*) MF : Matière fraiche des feuilles

Fig. 3.18: Effet de NaCl, additionné dans l'eau d'irrigation, sur la teneur en proline des plantes de carthame issues des grains prétraités avec NaCl, KCl et des grains témoins et cultivées en plein air.

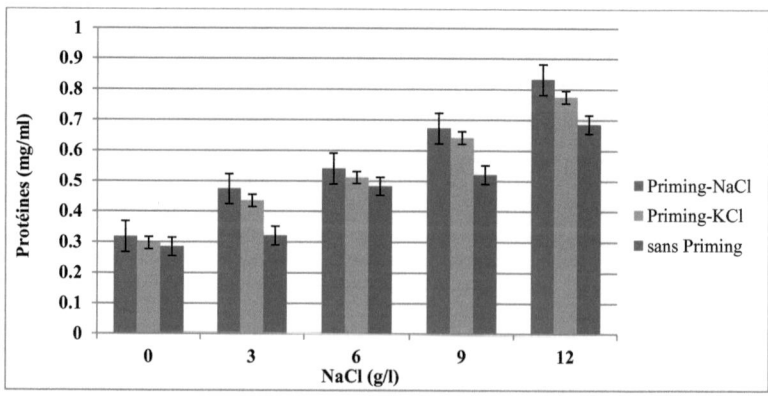

Fig. 3.19: Effet de NaCl, additionné dans l'eau d'irrigation, sur la teneur en protéine des plantes de carthame issues des grains prétraités et des grains témoins et cultivées en plein air.

3-4- Rendement total en huile des grains de carthame

Le rendement total en huile est estimé à partir du rendement en grains à partir du chapitre 4 suite au calcul de la teneur de 1 g de grains en huile.

Selon la figure 3.20, sans NaCl, les plantes issues des grains prétraités ont un rendement en huile plus élevé que les plantes issues des grains témoins (75 ml/m^2 pour les plantes issues des grains prétraités contre 55 ml/m^2 pour les plantes issues des grains témoins), soit une augmentation de 36% par rapport aux plantes témoins. En présence de NaCl, le rendement en huile, aussi bien des plantes issues des grains témoins que celui des plantes issues des grains prétraités, ont diminué suite à l'augmentation de la concentration de NaCl dans l'eau d'irrigation. Mais cette diminution est plus accentuée chez les plantes issues des grains témoins que chez les plantes issues des grains prétraités.

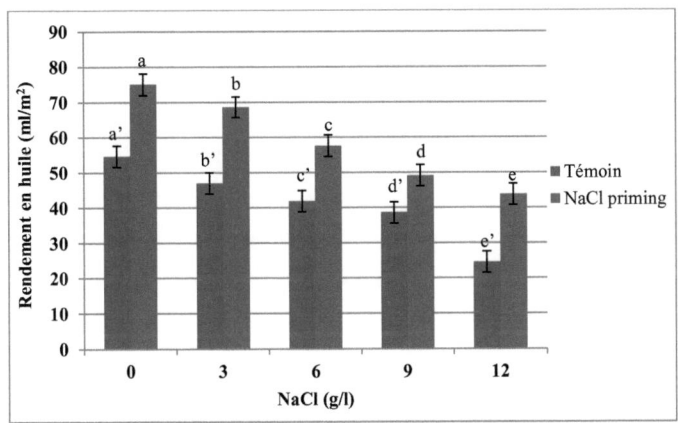

Fig. 3.20: Effet de la technique de priming sur le rendement total en huile des grains des plantes de carthame issues des grains témoins (sans priming) et des grains prétraités (priming-NaCl) et irriguées avec une eau chargée de NaCl

(*) Les moyennes suivies de la même lettre ne se diffèrent pas significativement selon le test de Duncan à 5%

3-5- Teneur en acides gras de l'huile des grains de carthame

En absence de NaCl dans l'eau d'irrigation, la teneur totale en acides gras de l'huile des grains est plus élevée chez les plantes issues des grains ayant subi le priming avec NaCl (5 g/l, 12 h) (0.51387 mg/ml) que les plantes issues des grains témoins (0.31 mg/ml), cette différence entre les deux types de plantes est de 65%. En plus, l'analyse de l'huile des grains montre que le grain contient quatre acides gras : l'acide palmitique, l'acide stéarique, l'acide oléique et l'acide linoléique (Tableau 3.4).

Aussi bien chez les plantes issues des grains ayant subi le priming avec NaCl que chez les plantes issues des grains témoins, l'acide gras majoritaire dans l'huile des grains est l'acide linoléique, soit une proportion de 82% par rapport aux autres acides gras et ceci quelque soit la concentration de NaCl dans le milieu de culture.

En présence de NaCl dans l'eau d'irrigation, quelque soit la concentration de sel, la teneur totale des acides gras de l'huile des grains est plus élevée chez les plantes issues des grains ayant subi le priming avec NaCl (5 g/l, 12 h) que chez les plantes issues des grains témoins. En plus, chez les deux types de plantes, la teneur totale des acides gras a diminué significativement suite à l'augmentation de la concentration de NaCl dans l'eau d'irrigation. Toutefois, par rapport aux plantes issues des grains témoins, la technique de priming a fait augmenter la concentration des acides gras de l'ordre de 15% à une concentration de 9 g/l de NaCl. En plus, quelque soit la concentration de NaCl additionnée dans l'eau d'irrigation, l'acide linoléique reste également l'acide gras majoritaire.

Tableau 3.4: Composition en acides gras (mg/ml) des grains de carthame récoltés sur des plantes issues des grains prétraités (NaCl: 5 g/l, 12 h) et des plantes issues des grains témoins et irriguées avec une eau chargée de NaCl

	Acide gras	TR (S)	NaCl (g/l)				
			0	3	6	9	12
Avec priming	Acide Palmitique ($C_{16}H_{32}O_2$)	25.16	0.03378	0.02280	0.02152	0.01962	0.01476
	Acide Stéarique ($C_{18}H_{36}O_2$)	28.19	0.01142	0.00789	0.00683	0.00651	0.00491
	Acide Oléique ($C_{18}H_{34}O_2$)	28.54	0.04736	0.03463	0.03047	0.02712	0.02163
	Acide Linoléique ($C_{18}H_{32}O_2$)	29.55	0.42131	0.30212	0.28051	0.25983	0.19912
	Totale		**0.51387**	**0.36744**	**0.33933**	**0.31308**	**0.24042**
Sans priming	Acide Palmitique ($C_{16}H_{32}O_2$)	25.16	0.01893	0.01848	0.01744	0.01652	0.01547
	Acide Stéarique ($C_{18}H_{36}O_2$)	28.19	0.00688	0.00639	0.00629	0.00569	0.00522
	Acide Oléique ($C_{18}H_{34}O_2$)	28.54	0.02908	0.02691	0.02625	0.02340	0.02258
	Acide Linoléique ($C_{18}H_{32}O_2$)	29.55	0.25449	0.24888	0.23002	0.22686	0.20485
	Totale		**0.30938**	**0.30066**	**0.28000**	**0.27247**	**0.24812**

TR: Temps de Rétention (s)

3-6- Teneur en huile essentielle extraite à partir des pétales de carthame

Le tableau 3.5 montre la nature chimique des différents composants de l'huile essentielle extraite à partir des pétales de carthame. En absence de NaCl dans l'eau d'irrigation, les teneurs de la majorité des composants de l'huile essentielle du carthame est plus élevée chez les plantes issues des grains ayant subi le priming avec NaCl (5 g/l, 12 h) que les plantes issues des grains témoins. Par exemple, la teneur du Benzenacetaldehyde est de l'ordre de 2,64% chez les plantes issues de grains ayant subi le priming alors qu'il est de l'ordre de 2,30% chez les plantes issues des grains témoins. Par contre, la teneur de certains composés est plus faible chez les plantes issues des grains ayant subi le priming que les plantes issues des grains témoins; c'est le cas par exemple de D-Limonène ou sa teneur est de 2,70% chez les plantes issues des grains ayant subi le priming, alors qu'elle est de 4,34% chez les plantes issues des grains n'ayant pas reçues de priming. Chez les plantes témoins (irriguées avec une eau dépourvue de NaCl), l'effet du priming sur les grains de carthame semble exercer deux effets opposés (augmentation ou diminution) à la synthèse des molécules composant l'huile essentielle, ou il reste presque sans effet. En effet, le tableau 3.6 montre que cette technique a augmenté les teneurs de plusieurs composés telles que le Nonanal, le caryophylene, Benzaldehyde, Decanal <n> et le n-pentadecanol, par contre, elle a diminué les teneurs d'autres composés comme l'acide Butanoique, 3-methyl, l'acide hexanoique, le D-Limonene et l'Isophorone,<4-methylene>. Certains composés restent inchangés suite à l'application du priming, c'est le cas de phenethyl alcol (0,44%). Toutefois, l'acide butanoique, 3-methyl et le caryophylene restent les composés majoritaires.

Lorsqu'on a appliqué le sel dans l'eau d'irrigation, la réponse des plantes au stress salin, en termes de concentration des composés de l'huile essentielle, dépend du prétraitement des grains. En effet, la concentration de certains éléments de l'huile essentielle de carthame ont augmenté suite à l'augmentation du sel dans le milieu de culture aussi bien pour les plantes témoins que les plantes issues des grains ayant subi le priming, c'est le cas de Butanal, 3-methyl, Butanal, 2-methyl, l'hexanal, l'acide hexanoique, le Naphtalene, le caryophylene oxide, le caryophylene et le benzaldehyde. De l'autre coté, la concentration des éléments de l'huile essentielle a diminué suite à l'augmentation du sel dans le milieu de culture, c'est le cas de l'octanal, le nonanal et le decanal. Malgré cette diminution, la concentration de ces éléments dans l'huile essentielle de carthame est plus élevée chez les plantes issues des grains ayant subi le priming que les plantes issues des grains témoins. Dans certains cas, l'action de priming a augmenté la teneur de certains éléments de l'huile essentielle et ceci quelque soit la concentration de NaCl dans le milieu de culture, c'est le cas de D-Limonene, le Myrtenol (Tableau 3.6). En résumé, face à une concentration croissante de NaCl dans le milieu de culture, l'effet du priming (NaCl: 5 g/l, 12 h) est relatif pour les constituants de l'huile essentielle de carthame. Dans certains cas, le priming a augmenté la teneur de certains éléments (Butanal, 3-methyl, Butanal, 2-methyl, l'hexanal, l'acide hexanoique, le Naphtalene, le caryophylene oxide, le caryophylene et le benzaldehyde), de l'autre coté, le priming a diminué la concentration des autres éléments (l'octanal, le nonanal et le decanal). Quelque soit l'effet de la salinité et du priming, le caryophylene (10,73%) et l'acide butanoique, 3-methyl (8%) restent les deux composés majoritaires de l'huile essentielle des pétales (Fig. 3.21).

Tableau 3.5: Formule et nature chimiques des principaux constituants de l'huile essentielle des pétales de carthame

Constituant	Formule chimique	Nature chimique
Acide Butanoique, 3-methyl	$C_5H_{10}O_2$	acide carboxylique
Acide Butanoique, 2-methyl	$C_5H_{10}O_2$	
Acide Hexanoique	$C_6H_{12}O_2$	
Octanal	$C_8H_{16}O$	Aldéhyde
Heptanal	$C_7H_{14}O$	
Nonanal	$C_9H_{18}O$	
Benzaldehyde	C_7H_6O	
Butanal, 3-methyl	$C_5H_{10}O$	
Butanal, 2-methyl	$C_5H_{10}O$	
Benzenacetaldehyde	C_8H_8O	
Naphtalene	$C_{10}H_8$	Hydrocarbure polycyclique
Myrtenol	$C_{10}H_{18}O$	Alcool monoterpénoïque
Caryophylene	$C_{15}H_{24}$	Sesquiterpène
copaene	$C_{15}H_{24}$	
Caryophylene oxide	$C_{15}H_{24}O$	
Pinene <alpha>	$C_{10}H_{16}$	Monoterpène bicyclique
n-Pentadecanol	$C_{15}H_{32}O$	Alcool
Phenethyl alcool	$C_8H_{10}O$	Alcool aromatique
D-Limonene	$C_{10}H_{16}$	hydrocarbure terpénique

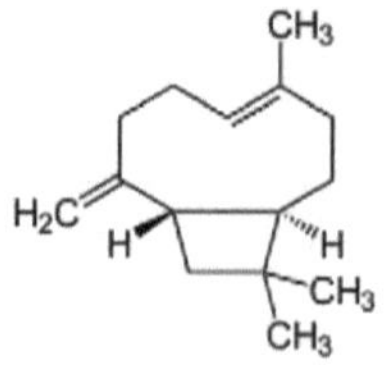

Caryophyllene 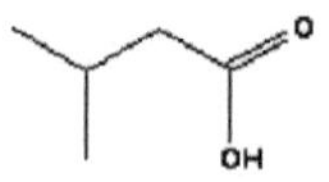   Acide Butanoique, 3-methyl

Fig. 3.21. Structure chimique des composées majoritaires de l'huile essentielle des pétales de carthame

Tableau 3.6: Concentration (%) des principaux composants de l'huile essentielle des pétales des plantes de carthame cultivées sous stress salin

	Composants	TR (s)	NaCl (g/l)				
			0	3	6	9	12
NP	Butanal, 3-methyl	2.568	1.69	1.64	2.17	2.02	1.43
	Butanal, 2-methyl	2.654	1.49	1.45	1.95	1.50	1.18
	Hexanal	4.560	2.45	2.55	4.87	3.91	2.47
	Acide Butanoique, 3-methyl	5.299	7.93	9.24	11.88	11.24	11.90
	Acide Butanoique, 2-methyl	5.432	2.11	2.99	3.99	3.69	3.88
	Acide Hexanoique	7.673	2.36	3.33	3.66	5.28	3.86
	Octanal	8.203	0.99	0.82	1.16	0.70	0.81
	D-Limonene	8.686	4.34	4.03	3.85	1.53	2.54
	Benzenacetaldehyde	8.933	2.30	2.41	2.34	2.64	2.28
	Nonanal	9.916	2.20	1.92	1.66	1.53	1.59
	Naphtalene	11.300	2.46	2.82	2.22	1.79	2.65
	Myrtenol	11.428	0.95	0.97	0.81	0.86	0.92
	Caryophylene	14.675	10.73	10.66	11.67	8.93	10.51
	n-Pentadecanol	15.459	2.87	3.85	2.82	2.89	2.65
	Caryophylene oxide	16.754	2.16	2.14	1.49	1.89	2.18
	Heptanal	6.376	--	0.67	1.21	0.81	--
	Pinene <alpha>	6.983	0.62	--	0.52	0.29	0.30
	Benzaldehyde	7.497	0.88	1.01	--	1.09	0.94
	Phenethyl alcool	10.064	0.44	0.44	0.43	0.52	0.52
	Decanal <n>	11.509	1.78	1.72	1.57	1.48	1.56
	Isophorone, <4-methylene>	11.814	2.98	3.25	2.16	2.57	2.90
	Copaene	14.046	0.75	0.69	0.80	0.62	0.57
	Total		54.48	58.60	63.23	57.78	57.55
P	Butanal, 3-methyl	2.568	1.72	1.66	2.06	2.03	1.68
	Butanal, 2-methyl	2.654	1.54	1.52	1.90	1.63	1.55
	Hexanal	4.560	2.49	6.51	5.09	7.19	3.83
	Acide Butanoique, 3-methyl	5.299	7.96	8.77	8.94	7.73	7.28
	Acide Butanoique, 2-methyl	5.432	2.18	2.68	2.30	1.52	1.83
	Acide Hexanoique	7.673	1.19	2.70	2.87	2.90	2.04
	Octanal	8.203	1.02	0.97	0.77	1.26	1.03
	D-Limonene	8.686	2.70	3.88	3.55	2.99	3.06
	Benzenacetaldehyde	8.933	2.64	2.23	2.31	2.57	2.72
	Nonanal	9.916	2.82	2.28	1.92	2.73	2.14
	Naphtalene	11.300	2.64	2.52	2.66	3.06	3.58
	Myrtenol	11.428	0.99	0.78	0.93	1.01	1.29
	Caryophylene	14.675	11.29	11.08	11.22	14.71	10.52
	n-Pentadecanol	15.459	3.61	3.39	3.44	4.11	3.22
	Caryophylene oxide	16.754	2.13	1.72	2.05	2.48	2.59
	Heptanal	6.376	0.91	0.71	0.82	0.74	--
	Pinene <alpha>	6.983	0.28	0.44	--	0.40	0.36
	Benzaldehyde	7.497	0.60	0.75	0.93	0.65	1.11
	Phenethyl alcol	10.064	0.44	0.39	0.40	0.41	--
	Decanal <n>	11.509	2.13	1.74	1.55	--	1.82
	Isophorone, <4-methylene>	11.814	2.15	2.20	2.52	2.21	2.82
	Copaene	14.046	0.71	0.75	0.68	0.63	0.61 +
	Total		54.14	59.67	58.91	57.92	55.08

P: Plantes issues des graines ayant subi le priming avec NaCl, NP: Plantes issues des graines témoins
TR : Temps de rétention (s)

4- Analyses minérales des plantes de carthame
4-1- Teneurs en éléments minéraux

Le tableau 3.7 montre l'effet de la technique de priming sur les teneurs en éléments minéraux (Na^+, K^+, Ca^{2+}) et le ratio Na^+/K^+, dosés dans les feuilles des plantes issues des grains témoins ou celles des plantes issues des grains prétraités avec NaCl ou KCl et qui ont été cultivées en absence ou en présence de NaCl dans l'eau d'irrigation.

En absence de NaCl dans l'eau d'irrigation, les teneurs des plantes issues des grains prétraités avec NaCl en potassium (K^+), calcium (Ca^{2+}) et le rapport Na^+/K^+ sont plus élevés que les teneurs de ces mêmes éléments minéraux ainsi que le rapport Na^+/K^+, chez les plantes issues des grains prétraités avec KCl ainsi que les plantes issues des grains témoins. En effet, par rapport aux plantes témoins, les augmentations des teneurs en potassium (K^+) et en calcium (Ca^{2+}) sont de l'ordre respectivement 22% et 17% (plantes issues des grains prétraités avec NaCl) et de l'ordre de 10% (plantes issues des grains prétraités avec KCl). Concernant l'élément Na^+, la situation est inversée, ce sont les plantes issues des grains témoins qui en sont les plus riches que les plantes issues des grains prétraités.

En présence de NaCl, les teneurs en potassium et calcium des plantes issues des grains témoins et des plantes issues des grains prétraités diminuent en fonction de la concentration de NaCl dans l'eau d'irrigation. En effet, les teneurs de ces deux minéraux, potassium et calcium ont chuté respectivement à 59 et 55% chez les plantes issues des grains témoins, 54 et 49% chez les plantes issues des grains prétraités avec KCl et 45 et 41% chez les plantes issues des grains prétraités avec NaCl. Toutefois, quelque soit la concentration de NaCl (0 à 12 g/l) additionné dans l'eau d'irrigation, les grains prétraités avec NaCl ont donné des plantes ayant des teneurs en potassium et en calcium plus élevées que les plantes issues des grains témoins. Par contre, la teneur des plantes en élément sodium (Na^+) a augmenté en fonction de la concentration de NaCl (0 à 12 g/l) dans l'eau d'irrigation.

4-2- Déperdition électrolytique

La figure 3.22 montre l'effet de la technique de priming sur la réduction de la déperdition électrolytique en condition de culture sous stress salin. En effet, lorsque NaCl est absent dans l'eau d'irrigation, le pourcentage de perte électrolytique des cellules foliaires des plantes issues des grains prétraités avec NaCl et KCl est plus faible que celui des cellules foliaires des plantes issues des grains témoins. La différence est de l'ordre de 17% (plantes issues des grains prétraités avec NaCl) et de 12% (plantes issues des grains prétraités avec KCl) par rapport aux plantes témoins. En présence de NaCl, le pourcentage de déperdition électrolytique a augmenté en fonction de la concentration de NaCl dans l'eau d'irrigation, aussi bien pour les plantes issues des grains témoins que pour les plantes issues des grains prétraités avec NaCl. En effet, en présence de la plus forte concentration de NaCl (12 g/l), la déperdition électrolytique a augmenté de façon significative, mais cette augmentation est moins importante chez les plantes issues des grains prétraités avec NaCl et KCl que chez les plantes issues des grains témoins.

Tableau 3.7: Effet de NaCl, additionné dans l'eau d'irrigation, sur les teneurs en Na^+, K^+ et Ca^{2+}, des plantes de carthame issues des grains prétraités ou des graines témoins et cultivées en plein air.

Traitements		Na^+	K^+	Ca^{2+}	ratio
NaCl	Priming	(mg g^{-1} MS)	(mg g^{-1} MS)	(mg g^{-1} MS)	Na^+/K^+
0	Priming NaCl	2.13^j	36.31^a	40.27^a	0.05^k
	Priming KCl	3.5^i	31.42^b	36.72^b	0.11^j
	Sans priming	4.22^h	28.21^c	33.21^c	0.14^i
3	Priming NaCl	3.27^i	32.87^b	37.17^b	0.09^j
	Priming KCl	4.8^h	27.23^c	31.18^c	0.17^h
	Sans priming	4.84^f	23.23^d	27.81^d	0.26^g
6	Priming NaCl	5.49^g	27.36^c	32.85^c	0.19^h
	Priming KCl	6.2^f	23.62^d	26.81^d	0.26^g
	Sans priming	6.26^d	21.62^e	23.52^e	0.44^e
9	Priming NaCl	7.82^e	23.22^d	28.15^d	0.33^f
	Priming KCl	8.7^d	18.93^e	21.58^f	0.45^e
	Sans priming	8.71^c	16.73^f	19.23^g	0.77^c
12	Priming NaCl	10.52^c	19.81^e	23.51^e	0.53^d
	Priming KCl	12.6^b	14.38^f	17.83^g	0.87^b
	Sans priming	12.67^a	12.47^g	14.86^h	1.31^a

(*) Les moyennes suivies de la même lettre ne se diffèrent pas significativement selon le test de Duncan à 5%
(**) **MS** : matière sèche des feuilles

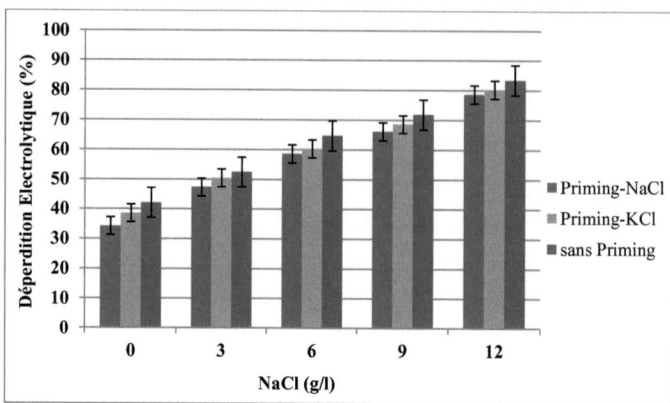

Fig. 3.22: Effet de NaCl, additionné dans l'eau d'irrigation, sur la déperdition électrolytique des plantes de carthame issues des grains prétraités avec NaCl, KCl ou des grains témoins et cultivées en plein air.

Chapitre IV: DISCUSSION GENERALE

Lors des essais préliminaires de détermination des conditions optimales de priming en utilisant différentes concentrations (5, 10, 15 et 20 g/l), des durées de trempage des graines de carthame (12, 24 et 36 h) et en utilisant deux solutions osmotiques différentes (NaCl et KCl), il s'est avéré que la meilleur combinaison de priming donnant les meilleurs résultats de germination est de l'ordre de 5 g/l pendant une durée de trempage de 12 h pour la solution de NaCl et 5 g/l pendant une durée de trempage de 24 h pour la solution de KCl. En effet, selon Capron et al. (2000), les conditions inadaptées de priming (fortes concentrations ou longues durées de trempage) peuvent rendre les semences vulnérables aux stress en induisant la dégradation des protéines protectrices. En effet, les différentes concentrations et durées de priming peuvent avoir des effets significatifs sur la germination, quand ces paramètres (concentrations et durées de priming) augmentent, la germination totale diminue, cela pourrait être dû aux effets toxiques des ions Na^+ et Cl^- sur le processus de germination (Khajeh-Hosseini et al. 2003). Les meilleurs résultats de priming avec NaCl (5 g/l pendant 12 h) pourraient être dus à l'absorption de Na^+ et Cl^- par le grain de carthame et le maintien d'un gradient de potentiel hydrique permettant l'absorption de l'eau au cours de la germination des grains (Demir Kaya et al. 2006). Par ailleurs, selon Pill et al. (1994), le même protocole de priming a souvent un effet varié selon les espèces et les cultivars (Pill et al. 1994), cela veut dire que la combinaison optimale de priming pour les grains carthame (NaCl : 5 g/l, 12 h) et (KCl : 5 g/l, 24 h) ne peut pas être appliqué pour d'autres cultivars de carthame ou d'autres espèces maraîchères.

Une fois les conditions optimales de priming identifiées, les grains prétraités ont des caractéristiques de germination (germination totale et temps moyen de germination) et de croissance des plantules (longueur de la radicule, poids frais et sec des plantules) plus meilleures que les grains qui n'ont pas subi le priming, lors d'un essai de germination au laboratoire à différents niveaux de salinité (0, 5, 10, 15 et 20 g/l de NaCl). Il est évident à partir de ces résultats que le priming améliore les paramètres de germination sous stress salin. En effet, le priming induit une série de changements biochimiques dans le grain initiant le processus de germination à savoir, la rupture de la dormance, l'accélération des processus métaboliques et l'activation des enzymes (Ajouri et al. 2004). Les études de recherche ont indiqué que tous les processus qui précèdent la germination sont déclenchés par le priming et persistent après la ré-dessiccation du grain (Asgedom et Becker, 2001). Ainsi, lors de semis, les grains ainsi prétraités peuvent rapidement absorber l'eau, résultant en un pourcentage de germination plus élevé et une réduction de l'hétérogénéité physiologique de la germination (Rowse, 1995). En général, le processus de germination comporte trois phases distinctes: la phase d'imbibition, ou cours de laquelle le grain absorbe l'eau. La deuxième phase est la phase de latence ou il y a peu d'absorption d'eau mais il y a activation des réactions métaboliques de la germination. La dernière phase est marquée par une forte augmentation de l'absorption d'eau couplé avec la saillie de la radicule et sa croissance (Bewley et Black, 1994). Ainsi, au cours de priming, le faible potentiel d'eau à l'extérieur du grain empêche non seulement la radicule d'émerger, mais aussi il prolonge la durée de la deuxième phase. En conséquence, les grains ayant subi le priming sont mieux préparés pour la germination dans les conditions de stress salin (Taylor et *al.* 2007). De même, plusieurs activités liées à la germination sont initiées lors de priming pour faciliter la saillie de la radicule, tels que l'amélioration des métabolismes énergétiques, la mobilisation des réserves du grain et l'expansion de l'embryon (Li et *al.* 2010; Sun et *al.* 2011).

De même, la germination, aussi bien des grains témoins que des grains prétraités avec NaCl, est possible même en présence de la plus forte concentration de NaCl (20 g/l). Toutefois, on note une diminution des paramètres de germination. Cela peut être due aussi aux effets toxiques des ions Na^+ et Cl^- au cours du processus de germination (Khajeh-Hosseini et *al.* 2003). Mais le priming avec NaCl et KCl réduit ces effets, car le prétraitement des grains engendre une initiation des processus métaboliques primaires (Bewley et Black, 1982). En effet, Argerich et Bradford (1989) ont trouvé que le gonflement de l'embryon à l'intérieur des gains de tomate ayant subi le priming avec NaCl accélère l'absorption de l'eau qui induit les activités métaboliques d'où une augmentation de la vigueur des grains et une amélioration de la germination et de la croissance des plantules correspondantes (Jumsoon et *al.* 1996).

On a observé aussi qu'au cours des essais de germination sous stress salin, que le temps nécessaire pour avoir 100% de germination s'est raccourcie pour les grains ayant subi le priming par rapport aux grains témoins. Ces résultats sont en accord avec ceux de Sivritepe et *al.* (1999) chez le melon, Khan et *al.* (2009) chez le piment et Sung et Chiu (1995) chez la pastèque. La raison probable de la germination précoce des grains prétraités peut-être due à l'achèvement des activités métaboliques de pré-germination, ainsi, les grains ayant subi le priming germent plus vite que ceux qui ne l'ont pas (Arif, 2005). Ces effets positifs sont probablement dus aux effets stimulants du priming sur les premières étapes du processus de germination par l'initiation de la division cellulaire dans les grains en germination (Sivritepe et *al.* 2003; Bose et Mishra, 1992). Les mêmes résultats sont en concordance avec ceux trouvés par Kaya et *al.* (2006) travaillant sur la pastèque et Demir Kaya et *al.* (2006) travaillant sur les grains de tournesol. Les résultats de Ruan et *al.* (2002) ont confirmé aussi que le priming des grains de riz avec KCl et $CaCl_2$ améliore considérablement les paramètres de germination de cette plante. L'efficacité du priming des grains avec KCl est éventuellement liée à l'avantage des ions K^+ dans l'amélioration de la saturation de la cellule en eau, de même, il agit comme un cofacteur dans les activités de nombreux enzymes (Taiz et Zeiger, 2002).

Sous stress salin (NaCl : 5 à 20 g/l), le priming avec NaCl et KCl a favorisé la croissance en longueur et en poids des plantules, confirmant ainsi les résultats de Sivirtepe et *al.* (2003) chez le melon et Farooq et *al.* (2005) chez la tomate. Selon Khajeh-Hosseini et *al.* (2003) et Zhu (2002), la technique de priming hâte la réplication d'ADN, augmente la synthèse de protéine et d'ARN, augmente la disponibilité d'ATP et répare les parties détériorées des grains sous stress salin.

Les effets bénéfiques du priming ne se limitent pas au stade germination mais ils le dépassent au stade croissance et rendement. En effet, les paramètres de croissance de carthame (hauteur de la plante, le nombre de branches par plante, les poids frais et sec de la partie aérienne et racinaire, surface foliaire) ont diminué significativement suite à l'augmentation de la salinité. Des résultats similaires ont été observés par Sharma et Grag (1985) travaillant sur le blé, Shafi et *al.* (2010) travaillant sur l'orge. La réduction de la hauteur des plantes due à la salinité est principalement attribuée à un déficit hydrique en raison du potentiel d'eau faible au niveau des racines, un déséquilibre nutritionnel et une toxicité ioniques résultant d'une concentration élevée en ions Na^+ et Cl^- (Khan et Ashraf 1988; Marschner, 1995). Il a été également observé que les niveaux de salinité font diminuer significativement la hauteur de la plante, cela pourrait être dû à une diminution des activités physiologiques résultant d'un stress hydrique et nutritionnel se produisant sous stress salin. L'effet négatif de la salinité sur les plantes peut entraîner des troubles métaboliques de la plante, ce qui conduit à la réduction de la croissance des plantes et leur productivité (Sharma et Hall, 1991; Shafi et *al.* 2009).

La présente étude a démontré que la hauteur des plantes enregistrée chez les plantes issus des grains ayant subi le priming était significativement différente des plantes dont les grains n'ont pas subi aucun traitement, lorsqu'elles sont exposées à des niveaux de salinité différents. Des résultats similaires ont été également signalés par Sivritepe et *al.* (2003) chez le melon. La salinité affecte presque tous les stades de croissance des plantes et leur développement, entraînant un faible rendement et une mauvaise qualité de la production (Ashraf et Harris, 2004).

Les plantes cultivées dans des sols salins sont confrontés à trois problèmes principaux: forte concentration de sel, des concentrations élevées d'ions potentiellement toxiques (tels que Na^+ et Cl^-) et un déséquilibre nutritionnel (Marschnner, 1995; Greenway et Munns, 1980). La salinité inhibe la croissance et le développement des cellules, en particulier dans les feuilles. Ce facteur perturbe les activités métaboliques dans les cellules ce qui est perceptible par les faibles nombre et dimensions des feuilles et par conséquent la faible hauteur de la plante (Raheleh et al. 2013).

Les poids frais et sec des parties aérienne et racinaire du carthame ont diminué significativement avec l'augmentation de la salinité aussi bien pour les plantes provenant de grains témoins que de plantes issues des grains ayant subi le priming. Ces résultats sont en accord avec ceux de Ghoulam et *al.* (2001) qui ont montré que la salinité a entraîné une réduction marquée des paramètres de croissance des pousses et des racines des plantes de betterave à sucre, mais les poids frais et sec des plantes issues des grains ayant subi le priming avec 50 ppm d'acide salicylique a augmenté de façon significative. Ces résultats sont aussi conformes avec ceux trouvés par El-Tayeb (2005) pour les plantes d'orge en réponse à un traitement d'acide salicylique. L'augmentation en poids frais et sec des parties aériennes et racinaires des plantes de carthame issues des grains ayant subi le priming avec NaCl et KCl sous stress salin peut être attribué à l'induction des enzymes de stress oxydatif jouant un rôle primordial dans la protection des membranes cellulaires contre leurs détériorations (Popova et al. 1997 et Shakirova et al. 2003).

La technique de priming a conduit à une augmentation significative de la surface foliaire des feuilles à chaque niveau de salinité. Des résultats similaires ont été observés par Mohammadi (2009) qui a montré que les plants de soja, issus des gains ayant subi le priming avec KNO_3 ont montré la plus forte surface foliaire. En outre, Raheleh et al. (2013) ont montré que la salinité perturbe l'absorption des nutriments et la balance ionique dans les organes de la plante ce qui se traduit par une faible surface foliaire. L'amélioration des paramètres de croissance des feuilles de carthame cultivées sous stress salin sous l'effet du priming peut être associée à des changements chimiques dans les cellules en empêchant l'absorption des ions toxiques comme Na^+ et Cl^- et en favorisant l'absorption des ions bénéfiques comme NO_3^-, Mg^{2+}, K^+, Fe^{2+}, Mn^{2+} (Hussein et al., 2007).

De même, le stress salin a provoqué une diminution du rendement des plantes issues des grains ayant subi le priming que ceux qui ne l'ont pas. Toutefois, cette diminution a été plus prononcée chez les plantes issues des grains n'ayant pas subi le priming que ceux qui ne l'ont pas. Des résultats similaires ont été observés par Bastia et *al.* (1999) travaillant avec le carthame. En effet, ils ont montré que l'hydropriming des grains de carthame pendant 12 heures a entraîné un plus grand nombre de plantes par m^2, de capitules par plante, de grains par capitule, de rendement en grains et de teneur en huile par rapport aux plantes dont les grains n'ayant pas subi le priming. Des résultats similaires ont été observées chez le maïs, le riz, le pois chiche (Harris et al. 1999) cultivés sous stress salin.

Une analyse biochimique et minérale des plantes de carthame a révélé aussi un effet significatif du priming sur les teneurs de certains constituants (protéines, proline, chlorophylle, sodium, potassium, calcium...) en condition de culture sous stress salin. D'après les résultats obtenus, la salinité a diminué significativement la teneur en chlorophylle chez les plantes, la diminution de ce pigment perturbe la stabilité de la membrane cellulaire (Parida et al. 2002). Ces mêmes résultats sont en accord avec ceux trouvés par Scalet et al. (1995), Potluri et Devi Prasad (1996). Le priming des grains a amélioré le contenu en chlorophylle des plantes de carthame. Des résultats similaires ont été observés par Leslie et Romani (1988), qui ont montré que le prétraitement des grains avec l'acide salicylique stimule l'activité photosynthétique et augmente la teneur en chlorophylle. El-Tayeb (2005) a constaté que les grains d'orge préalablement trempés avec 1 mM d'acide salicylique et cultivés sous différents niveaux de stress salin a augmenté la teneur en pigments photosynthétiques chez les pousses et les racines de 15 jours d'âges comparativement aux plants traités seulement avec NaCl.

Nos résultats ont montré aussi que les plantes de carthame issues des grains ayant subi le priming ont la plus forte concentration en proline à des niveaux de salinité élevés. Des résultats similaires ont été affirmés par Sivritepe et al. (2003) démontrant que le priming des grains de melon avec NaCl a augmenté la concentration de ce composant et la tolérance à la salinité des plantes. La proline joue un rôle important dans la réduction des effets néfastes de la salinité en accélérant les processus de réparation cellulaires, elle agit comme un osmoprotecteur au cours des mécanismes de tolérance au sel (Yu Lei et Shaozheng, 2000), il protège la structure des protéines contre la dénaturation, stabilise les membranes cellulaires, fonctionne comme un capteur de radicaux hydroxyles (Aspinal et Paleg, 1981).

Les protéines qui s'accumulent dans les plantes sous conditions salines peuvent fournir une forme de stockage d'azote qui est réutilisé plus tard (Turan et al. 2007) et peut jouer un rôle dans l'ajustement osmotique. Les protéines sont synthétisées en réponse au stress salin, ils sont présents à des faible concentrations et augmentent lors du stress salin (Pareek et al. 1997). Dans la présente étude, aussi bien le stress salin que le priming des grains a provoqué une augmentation de la concentration en protéine au niveau de la partie aérienne des plantes. Cependant, cette augmentation est plus marquée chez les plantes dont les grains ayant subi le priming que les plantes issues des grains témoins. En travaillant sur le blé, Al-Hakimi et Hamada (2001) ont constaté que le priming des grains avec de l'acide ascorbique réduit les effets néfastes du stress salin en augmentant la teneur des feuilles en protéines solubles (Jeng et Sung, 1994). Ainsi, l'augmentation de la teneur en protéines dans les feuilles suite au priming des grains a été l'une des raisons qui ont contribué à améliorer la croissance de carthame sous stress salin.

Les résultats de l'analyse minérale a révélé que le prétraitement des grains de carthame avec NaCl a entraîné une augmentation de la concentration des ions Na^+ et du rapport Na^+/K^+, et une diminution de la concentration des ions K^+ et Ca^{2+} aussi bien pour les plantes issues des grains témoins que ceux ayant subi le priming. Des études antérieures ont montré des effets similaires de la salinité chez le melon (Botia et al. 1998), le céleri (Pardossi et al. 1999), le poivre (Chartzoulakis et Klapaki, 2000) et la tomate (Romero et al. 2001). Cependant, le prétraitement des grains de carthame réduit les effets néfastes des éléments toxiques provoqués par la salinité sur la croissance des plantes, car moins de Na^+, mais plus de K^+ et Ca^{2+} s'accumulent dans la plante. En fait, de nombreuses études ont indiqué qu'une augmentation de la concentration des ions Ca^{2+} dans les cellules des plantes soumises aux stress salin pourrait atténuer les effets inhibiteurs sur la croissance (Kaya et al. 2002). Le ratio Na^+/K^+ des plantes issus des grains ayant subi le priming était significativement plus faibles que ceux des grains qui n'ont subi aucun traitement sous des niveaux de salinité similaires. Ces résultats suggèrent que le priming des grains de carthame a augmenté la tolérance des plantes au sel par l'augmentation de l'accumulation des ions K^+ et Ca^{2+}. L'accumulation des ions de potassium et de calcium et la restriction d'entrée des ions toxiques dans le cytoplasme (Na^+ et Cl^-) sont parmi les stratégies d'adaptation des plantes à la salinité (Hajibagheri et al. 1987; Läuchli et Epstein, 1990).

Le dysfonctionnement de la membrane cellulaire due au stress salin est exprimé par sa perméabilité aux ions qui peut être facilement mesuré par l'efflux d'électrolytes (Lutts et al. 1996). Le priming des grains de carthame avec NaCl et KCl induit une augmentation significative de la déperdition électrolytique chez les plantes de carthame. Des résultats similaires ont été obtenus par Lutts et al. (1996) qui ont montré que la salinité a augmenté la perméabilité membranaire des variétés de riz sensibles. Le priming des grains de carthame a diminué la perméabilité de la membrane chez les plantes traitées au sel. Ceci est en accord avec les résultats de Stevens et al. (2006) qui ont démontré que l'application d'acide salicylique réduit la déperdition électrolytique de 32 à 44% chez les cultures de tomate cultivées respectivement sous stress salin de 150 et 200 mM de NaCl, en comparaison aux plantes non traitées. La baisse du taux de la déperdition électrolytique chez les plantes de carthame est un signe de leur tolérance au sel. Yildirim et *al.* (2008) ont rapporté que le traitement des grains de concombre avec l'acide salicylique réduit la quantité de fuite d'ions chez les plantes cultivées au stress salin. La réduction de la fuite d'ions pourrait être liée à des réponses des enzymes de stress oxydatif protégeant la plante contre les dommages oxydatifs. Les résultats de cette étude montrent clairement que la salinité augmente la déperdition électrolytique des plantes de carthame, mais cette augmentation a été plus faible chez les plantes issues des grains ayant subi le priming que ceux qui ne l'ont pas. Ces résultats sont en concordance avec ceux de Cayuela et *al.* (1996) travaillant sur la tomate.

Au cours du sixième chapitre, nous avons pu constater que la teneur en huile des grains récoltés diminue significativement suite à l'application d'un stress salin. Les résultats de ce travail sont en accord avec les résultats d'Irving et *al.* (1998) qui ont montré une réduction significative de la teneur en huile chez les grains de carthame soumise à la salinité. Le facteur qui peut être responsable de la diminution de la teneur totale en huile peut être dû au processus de dégradation des lipides à travers l'activation des activités lipolytiques (la lipolyse est la réaction de dégradation des lipides pour fournir de l'énergie). Cette hypothèse est appuyée par Gignon et *al.* (2004) qui ont montré que la diminution de la teneur des huiles totales dans les feuilles d'*Arabidopsis thaliana* sujette au stress hydrique était corrélée avec une augmentation significative de l'activité lipolytique et une expression exagérée des gènes impliqués dans la dégradation des lipides. Ashrafi et Razmjoo (2010) ont reporté une diminution de la teneur en huiles chez les plantes de carthame cultivées sous stress hydrique. Des résultats similaires ont été trouvés chez les plantes de coriandre (Neffati et Marzouk, 2008), *Salvia officinalis* (Ben Taarit et *al.* 2010) et *Nigella sativa* (Bourgou et *al.* 2010). Le prétraitement des grains de carthame dans le présent travail avec NaCl a amélioré le rendement des plantes en huile extraite des grains cultivées sous stress salin. Les travaux de Feghenabi (2007), travaillant lui aussi sur le carthame, a reporté que le priming des grains de *Carthamus tinctorius*, avant le semis, avec l'acide gibbérellique (GA3) améliore le rendement en huile.

Au cours de ce travail, la teneur des acides gras a diminué suite à l'augmentation de la concentration de NaCl dans l'eau d'irrigation. Des résultats similaires ont été prouvés par Garces et Mancha (1991) et Mansour et *al.* (2002) ou ils ont trouvé que la teneur en acides oléique et linoléiques a diminué avec l'augmentation de la concentration de NaCl dans le milieu de culture ; cette diminution peut être due à l'activité importante de l'enzyme $\Delta 12$-oléate désaturase responsable de la désaturation de l'acide oléique en acide linoléique.

Les travaux d'autres chercheurs sont similaires à ceux trouvés dans notre présent travail concernant la composition de l'huile essentielle chez les plantes. Par exemple, Said Al-Ahl et *al.* (2010) ont montré que la teneur de «trigonelline» a augmenté de manière significative dans les grains de soja suite à un stress salin. Un autre exemple est l'orge (*Hordeum vulgare*) où le stress salin a augmenté de manière significative la teneur en 'flavonoïdes' (Baher et *al.* 2002). De même, chez le genre Grevillea, la teneur en 'anthocyanes' a augmenté de manière significative en raison de la salinité (Charles et *al*, 1990). Il a également montré que la teneur en huile essentielle des feuilles de coriandre a été stimulée uniquement sous contrainte saline faible, tandis qu'elle a diminué à un niveau élevé de salinité. A un stress salin faible, les teneurs en (E)-2-décénal, (E)-2-dodécénal et dodécanal chez la coriandre ont augmenté (Penka, 1978). Chez la sauge (*Salvia officinalis*), le composé majeur de l'huile essentielle était le viridiflorol en absence de stress salin, à 25 mM de NaCl, 1,8-cinéole est devenu le composé majoritaire à 50 et 75 mM et le manool prévalait à 100 mM (Morales et *al.* 1993). Toutefois, les principaux composants de l'huile essentielle de Basil (*Ocimum basilicum* L.) étaient eugénol et le linalol ; la salinité a augmenté le contenu de linalol et a diminué la teneur en eugénol (Burbott et Loomis, 1969).

La stimulation de la production d'huile essentielle à un degré modéré de salinité pourrait être due à une plus forte densité de glandes sébacées et une augmentation du nombre des glandes productives (Cho et *al.* 1999). Le stress salin peut également influer sur l'accumulation d'huile essentielle indirectement par ses effets sur l'assimilation soit sur la répartition des assimilas entre les processus de croissance et de différenciation (Neffati et Marzouk, 2008). En outre, la formation et l'accumulation d'huile essentielle chez les plantes est également attribuable à l'action des facteurs environnementaux.

On a remarqué aussi au cours de ce travail de thèse que le pourcentage de la majorité des composants de l'huile essentielle extraite des pétales de carthame a augmenté par la technique de priming. Des résultats similaires ont été confirmés par les travaux de Marziyeh et *al.* (2013) ou ils ont montré que le priming du fenouil (*Foeniculum vulgare* L.) avec KNO_3 et/ou l'acide gibbérellique (GA3) a amélioré le pourcentage de l'huile essentielle de la plante respectivement de 3.55% et 3.36% par rapport aux plantes issues des grains témoins. De même, Bahram (2012) a montré que le priming de l'Aneth (*Anethum graveolens* L.) séparément avec des solutions de fer 0.5% et de bore 1.5% améliore le taux de l'huile essentielle de la plante respectivement de 2.60% et 2.81%.

CONCLUSION GENERALE

Suite à une série d'expériences au laboratoire (germination des grains) et en plein champs (culture à l'exploitation agricole de l'Institut Supérieur Agronomique de Chott Mariem), les mesures, les observations et les analyses biochimiques et minérales réalisées sur les plantes de carthame issues des grains prétraités (Priming NaCl, Priming KCl). Les résultats obtenus montrent que :

Au niveau du stade de germination sous stress salin (NaCl : 5 à 20 g/l), le priming des grains avec une solution de NaCl (5 g/l) pendant 12 h ou une solution de KCl (5 g/l) pendant 24 h, a amélioré les paramètres de germination (germination totale, temps moyen de germination). Ces paramètres ont été améliorés chez les grains prétraités avec NaCl que chez les grains prétraités avec KCl.

En cours de culture, irriguées avec une eau additionnée de NaCl (3, 6, 9 et 12 g/l) durant 8 mois, les plantes issues des grains prétraités (priming-NaCl, Priming-KCl) sont plus performantes que les plantes issues des grains témoins (sans priming) en termes de vigueur et de rendement en pétales et en grains.

Les analyses biochimiques (chlorophylles, proline, protéine) et minérales (teneurs en sodium, potassium et en calcium, déperdition électrolytique) des feuilles montrent un enrichissement, en ces différents éléments, chez les plantes issues des grains ayant subi le priming (Priming-NaCl, priming-KCl) et cultivées sous stress salin (NaCl : 3 à 12 g/l), sauf le sodium (élément toxique) qui se trouve diminué. Ceci signifie que la technique de priming (priming-NaCl, Priming-KCl) a induit une tolérance à la salinité (NaCl).

Le rendement en huile des grains et ces quatre acides gras (Acide palmitique, Acide stéarique, Acide Oléique et Acide linoléique) a augmenté par le priming quelque soit la concentration de NaCl dans l'eau d'irrigation. Quant à la teneur des pétales en huile essentielle, le premier de ces deux principaux composés (Acide Butanoique, 3-methyl et caryophyléne) se trouve augmentée. De même, les teneurs d'autres composées secondaires ont presque doublées (Acide Hexanoique) ou diminuées de moitié (D-Limonene).

PERSPECTIVES

A la lumière de ces résultats, des analyses biochimiques des plantes de carthame, plus poussées seront nécessaires afin de mieux comprendre l'action du priming, ayant induit la tolérance à la salinité des grains en cours de germination et les plantes, toutes les deux sont soumises au stress NaCl. Ainsi, des analyses enzymatiques relatives aux enzymes de stress oxydatif (catalase, superoxyde dismutase, glutathion réductase), jouant un rôle primordial dans la défense des plantes des radicaux libres produits lors d'un stress abiotique, seront effectuées.

En plus, les outils biotechnologiques tels que l'analyse protéomique (électrophorèse) pourraient contribué à identifier les protéines dont la synthèse et l'accumulation sous la dépendance de certains gènes dont l'expression est déterminée par la technique de priming (NaCl et KCl). En effet, l'identification des gènes impliqués permet aux sélectionneurs de créer des variétés tolérantes le stress salin.

REFERENCES BIBLIOGRAPHIQUES

A

Abd El-Wahab MA. 2006. The efficiency of using saline and fresh water irrigation as alternating methods of irrigation on the productivity of *Foeniculum vulgare* Mill subsp. vulgare var. vulgare under North Sinai conditions. Res J Agr Biol Sci; 2(6): 571-7.

Abdulahi A., Mohammadi R., Pourdad S.S. 2007. Evaluation of safflower (*Carthamus* spp.) genotypes in multi-environment trials by nonparametric methods. Asian J. Plant Sci., 6: 827-832.

Adams P. and Ho L.C. 1995. Uptake and distribution of nutrients in relation to tomato fruit quality. *Acta Horticulturae* 412:374-387.

Ajouri A., Haben A. and Becker M. 2004. Seed priming enhances germination and seedling growth of barley under conditions of P and Zn deficiency. Journal of Plant Nutrition and Soil Science. 167: 630-636.

Al-Hakimi A.M.A., Hamada A.M. 2001. Counteraction of salinity stress on wheat plants by grain soaking in ascorbic acid, thiamin or sodium salicylate. Biol Plant. 44: 253-261.

Aldesuquy H.S. 1998. Effect of gibberellic acid, indol-3-acitic acid, abscisic acid and sea water on growth characteristics and chemical composition of wheat seedlings. Egypt J. Physiol. Sci., 22: 451-466.

Al-Harbi A.R. 1995. Growth and nutrient composition of tomato and cucumber seedlings as affected by sodium chloride salinity and supplemental calcium. *J. Plant Nutr.* 18, 1403 – 1416.

Aml E.A., El-Saidy Farouk S. and Abd El-Ghany H.M. 2011. Evaluation of Different Seed Priming on Seedling Growth, Yield and Quality Components in Two Sunflower (*Helianthus annuus* L.) Cultivars. Trends in Applied Sciences Research, 6: 977-991.

Argerich C.A., Bradford K.J. 1989. The effects of priming and ageing on seed vigour in tomato. J. Expt. Bot. 40: 599–607.

Arif M. 2005. Effect of seed priming on emergence, yield and storability of soybean. Ph.D.Thesis, NWFP Univ. Peshawar, pp. 190-195.

Arslan B. 2007. Assessing of heritability and variance components of yield and some agronomic traits of different safflower (*Carthamus tinctorius* L.) cultivars. Asian J. Plant Sci., 6: 554-557.

Asgedom H. and Becker M. 2001. Effects of seed priming with nutrient solutions on germination, seedling growth and weed competitiveness of cereals in Eritrea. *In*: Proc.

Deutscher Tropentag, University of Bonn and ATSAF, Magrraf Publishers Press, Weickersheim. 282p.

Ashraf M. and O'Leary J.W. 1996. Responses of some newly evolved salt-tolerant genotypes of spring wheat to salt stress. I. Yield components and ion distribution. J. Agron. Crop Sci., 176: 91–101.

Ashraf M., Khanum A. 1997. Relationship between ion accumulation and growth in two spring wheat lines differing in salt tolerance at different growth stages. J. Agron. Crop Sci. 178: 39-51.

Ashraf M. 1999. Interactive effect of salt (NaCl) and nitrogen form on growth, water relations and photosynthetic capacity of sunflower (*Helianthus annuus* L.). Ann. Appl. Biol. 135: 509–513.

Ashraf M. 2001. Relationships between growth and gas exchange characteristics in some salt-tolerant amphidiploid *Brassica* species in relation to their diploid parents. Environ. Exp. Bot., 45: 155-163.

Ashraf M. and Rauf H. 2001. Inducing salt tolerance in maize (*Zea mays* L.) through seed priming with chloride salts: Growth and ion transport at early growth stages. *Acta Physiol. Plant* 23, 407 – 414.

Ashraf M. 2002. Salt tolerance of cotton: some new advances. Critical Rev. Plant Sci., 21: 1-30.

Ashraf M., Kausar A., Ashraf M.Y. 2003. Alleviation of salt stress in pearl millet [*Pennisetum glaucum* (L.) R. Br.] through seed treatments. Agronomie, 23: 227–234.

Ashraf M. and Harris P.J.C. 2004. Potential biochemical indicators of salinity tolerance in plants. Plant Sci., 166: 3-16.

Ashraf M, Urooj A. 2006. Salt stress effect on growth, ion accumulation and seed oil concentration in an arid zone traditional medicinal plant ajwain (*Trachyspermum ammi* [L.] Sprague. Journal of Arid Environments 64:209-220.

Ashrafi E. and Razmjoo K.H. 2010. Effect of irrigation regimes on oil content and composition of safflower (*Carthamus tinctorius* L.) cultivars. The Journal of American Oil Chemists Society 87, 499-506.

Ashri, A. and Knowles P.F. 1960. Cytogenetics of safflower (*Carthamus* L.) species and their hybrids. *Agron. J.* 52: 11–17.

Aspinall D. and Paleg L.G. 1981. Proline accumulation: physiological aspects, in: Paleg LG, Aspinall D (Eds.), The Physiology and Biochemistry of Drought Resistance in Plants, Academic Press, Sydney, pp. 205-241.

Awad A.S., Edwards D.G. and Campbell L.C. 1990. Phosphorus enhancement of salt tolerance of tomato crop. Crop Sci. 30, 123-128.

B

Baatour Olfa R., Kaddour W., Aidi Wannes M., Lachaal Marzouk B. 2010. Salt Effects on the Growth, Mineral Nutrition, Essential oil Yield and Composition of Marjoram (*Origanum majorana*). Acta Physiol Plant. 10: 51-54.

Baghalian K., Haghiry A., Naghavi M.R., Mohammadi A. 2008. Effect of saline irrigation water on agronomical and phytochemical characters of chamomile (Matricaria recutita L.). Scientia Hort; 116:437-41.

Baher Z.F., Mirza M., Ghorbanli M., and Rezaii M.B. 2002. The influence of water stress on plant height, herbal and essential oil yield and composition in Satureja hortansis L. Flavour Frag. J., 17: 275–7

Bañuls J., Legaz F. and Primo-Millo E. 1990. Effect of salinity on uptake and distribution of chloride and sodium in some citrus scion–rootstock combinations. J. Hortic. Sci. 65: 715–724.

Bandurska H. 1993. *In vivo* and *In vitro* effect of proline on nitrate reductase activity under osmotic stress in barley. Acta Physiol. Plant., 15, 83-88.

Bandeoglu E., Eyidogan F., Yucel M., Oktem H.A. 2004. Antioxidant response of shoots and roots of lentil to NaCl Salinity stress. Plant Grth. Regu., 42: 69-77.

Bar Y., Apelbaum A., Kafkafi U., Goren R. 1997. Relationship between chloride and nitrate and its effect on growth and mineral composition of avocado and citrus plants. J. Plant Nutr 20:715-731.

Bar-Tal A., Landau S., Li-Xin Z., Markovitz T., Keinan M., Dvash L., Brener S., and Weinberg Z.G. 2008. Fodder quality of safflower across an irrigation gradient and with varied nitrogen rates. Agron. J., 100: 1499-1505.

Basra A.S., Dhillon R., Malik C.P. 1989. Influence of seed pretreatment with plant growth regulators on metabolic alterations of germinating maize embryos under stressing temperature regimes. Ann. Bot. (London). 64: 37-41.

Basra S.M.A., Farooq M. and Tabassum R. 2005. Physiological and biochemical aspects of seed vigor enhancement treatments in fine rice (*oryza sativa* L.). Seed Sci. and Technol. 33: 623-628.

Bassil E.S. and Kaffka S.R. 2002. Response of safflower (*Carthamus tinctorius* L.) to saline soils and irrigation. I. Consumptive water use. Agric Water Manage 54: 67-80.

Bastia D.K., Raut A.K., Mohanty S.K. and Prusty A.M. 1999, Effect of sowing date, sowing methods and seed soaking on tield and oil content of rainfed safflower grown in Kahhandi, Orissa. Indian Journal of Agronomy, 44(3): 621-623.

Bates L., Waldren R.P., Teare I.D. 1973. Rapid determination of free proline for water-stress studies. Plant and Soil, 39, 205-207.

Bayuelo-Jimenez J.S., Debouck D.G. and Lynch J.P. 2003. Growth, gas exchange, water relations and ion composition of Phaseolus species grown under saline conditions. Field Crop Res., 80, 207-222.

Ben Taarit M., Msaada K., Hosni K., Marzouk B. 2010. Changes in Fatty acid and essential oil composition of sage (*Salvia officinalis* L.) leaves under Nacl stress. Food Chem. 119: 951-956.

Bergman J.W. 1979. Safflower production guidelines. CIS8. Montana Agricultral Experiment Station, Montana State University, Bozeman, MT., USA.

Bettaieb I., Zakhama N., Aidi Wannes W., Marzouk B., 2009. Water deficit effects on *Salvia officinalis* fatty acids and essential oils composition. Sci. Hortic. 120, 271–275.

Bewley J.D. and Black M. 1994. Seeds: Physiology of Development and Germination. (2nd edition) New York, Plenum Press.

Boularin M.C., Fernandez F.G., Cruz V., Cuartero J. 1991. Salinity tolerance in four wild tomato species using vegetative yield–salinity response curves. Journal of the American Society for Horticultural Science 116, 286–290.

Borsani O., Valpuesta V., Botella M.A. 2003. Developing salt tolerant plants in a new century: a molecular biology approach. Plant Cell Tissue and Organ Culture 73, 101–115.

Boschin G., D'Agostina A., Annicchiarico P., Arnoldi A., 2008. Effect of genotype and environment on fatty acid composition of *Lupinus albus* L. seed. Food Chem. 108, 600–606.

Bose B. and Mishra T. 1999. Influence of pre-sowing soaking treatment in *Brassica juncea* seeds with Mg-salts on growth, nitrate reductase activity, total protein content and yield responses. Physiol. Mol. Biol. Plants, 5: 83–88.

Botia P., Carvajal M., Cerda A., Martinez V. 1998. Response of eight *Cucumus melo* cultivars to salinity during germination and early vegetative growth. Agronomie, 18 : 503 – 513.

Boukef M.K. 1986. Les plantes dans la médecine traditionnelle tunisienne, médecine traditionnelle et pharmacopée- agence de coopération culturelle et technique.

Bourgou S., Kchouk M.E. Bellila A. and Marzouk B. 2010. Effect of salinity on phenolic composition and biological activity of *Nigella sativa*. Acta Hortic., 853: 57-60.

Bowles V.G., Mayehofer R., Davis C., Good A.G., Hall J.C. 2010. A phelogenetic investigation of *Carthamus* combining sequence and microsatellite data. Plant Syst Evol 287: 85-97.

Bradford, M.M. 1976. A rapid and sensitive method for the quantitation of microgram quantities of protein utilizing the principle of protein-dye binding. Anal. Biochem. 72, 248-254.

Bradford K.J. 1986. Manipulation of seed water relation via osmotic priming to improve germination under stress conditions. Hortscience 21, 105 - 112.

Bray E.A. 1993. Molecular responses to water deficit. Plant Physiol. 103, 1035-1040.

Breesan R.A., Hasegawa P.M., Pardo J.M. 1998. Plants use calcium to resolve salt stress, Trends Plant Sci. 3, 411–412.

Brugnoli E., and Björkman O. 1992. Growth of cotton under continuous salinity stress: Influence on allocation pattern, stomatal and non-stomatal components of photosynthesis and dissipation of excess light energy. Planta 187, 335-347.

Burbott A.J., Loomis W.D. 1969. Evidence for metabolic turnover of monoterpenes in peppermint. Plant Physiol. 44:173–179.

C

Cano E.A., Bolarin M.C., Perez-Alfocea F., Caro M. 1991. Effect of NaCl priming on increased salt tolerance in tomato. Hort.Sci., 66, 621 - 628.

Carden D.E., Walker D.J., Flowers T.J., Miller A.J. 2003. Single-cell measurements of the contributions of cytosolic Na^+ and K^+ to salt tolerance. Plant Physiol. 131: 676-683.

Carvajal S.C., Parcel, G.S., Basen-Engquist K.B., Banspach S., Coyle K., Kirby D., Chan W. 1999. Psychosocial predictors of the delay of first intercourse in adolescents. Health Psychology, 18,443-452.

Cayuela E., Perez Alfocea F., Caro M., Bolarin M. 1996. Priming of seeds with NaCl induces physiological changes in tomato plants grown under salt stress. Physiol.plant. 96, 231-236.

Charles D.J., Joly R.J. and Simon J.E. 1990. Effects of osmotic stress on the essential oil content and composition of peppermint. Phytochem., 29: 2837–40

Chartzoulakis K. and Klapaki G. 2000. Response of two greenhouse pepper hybrids to NaCl salinity during different growth stages. Scientia Horticulturae, 86: 247-260.

Chavan V.M. 1961. Niger and Safflower. Indian Central Oilseeds Committee Publ., Hyderabad, India. Pp. 57-150.

Cheeseman J.M. 1988 Mechanisms of salinity tolerance in plants. Plant Physiol 87: 547-550.

Chen L.I.J., Wang S., Huttermann A., and Altman A. 2001. Salt, nutrient uptake and transport and ABA of Populus euphratica, a hybrid in response to increasing soil NaCl. Tree-Struct. Funct., 15, 186-194.

Cho M.M., DeVries A. C., Williams J. R., & Carter C.S. 1999. The effects of oxytocin and vasopressin on partner preferences in male and female prairie voles (*Microtus ochrogaster*). Behavioral Neuroscience, 113, 1071–1080.

Colmer T.D., Fan T.W.M., Higashi R.M. & Läuchli A. 1996. Interactive effects of Ca^{2+} and NaCl salinity on the ionic relations and proline accumulation in the primary root tip of Sorghum bicolor. Physiologia Plantarum 97, 421–424.

Copeman R.H., Martin C.A., Stutz J.C. 1996. Tomato growth in response to salinity and mycorrhizal fungi from saline or non-saline soils. HortScience 31, 341±344.

Corleto A., Alba E. Polignano G.B. and Vonghia. G. 1997. Safflower: A Multipurpose species with Unexploited Potential and World Adaptability. The research in Italy. In Corleto, A. and Mündel H.H. (Senior editors), Proc. IVth International Safflower Conference. Bari (Italy) June 2-7, 1997. Published by: Adriatica Editrice, Bari, 23-31.

Cramer G.R., Lynch J., Lauchli A., Epstein E. 1987. Influx of Na^+, K^+, and Ca^{2+} into roots of salt-stressed cotton seedlings, Plant Physiol. 83 510 – 516.

Cushman J.C., Meyer G., Michalowski C.B., Schmitt J.M., Bohnert H.J. 1989. Salt stress leads to differential expression of two isogenes of phosphoenolpyruvate carboxylase during CAM induction in the common ice plant. Plant Cell 1: 715-725.

D

Da Silva E.C., Nogueira R.J.M.C., de Araujo F.P., de Melo N.F., and de Azevedo Neto A.D. 2008. Physiological responses to salt stress in young umbu plants. Environmental and Experimental Botany. 63:147-157.

Dajue L. and Mündel. H.H. 1996. Safflower. *Carthamus tinctorius* L. Promoting the conservation and use of underutilized and neglected crops. 7. Institute of Plant Genetic and Crop Plant Research, Gatersleben / International Plant Genetic Resources Institute, Rome. Italy, 83 pp.

Dahnke W.C. 1990. Fertilizing safflower. SF-727. North Dakota State University, Fargo, ND,USA.

Delauney A.J. and Verma D.P.S. 1993. Proline biosynthesis and osmoregulation in plants, Plant J. 4, 215–223.

Delfine S., Alvino A., Zacchini M., Loreto F. 1998. Consequences of salt stress on diffusive conductances, Rubisco characteristics and anatomy of spinach leaves. Aust J Plant Physiol. 25:395–402.

Damien Voinot 2007. Caractérisation des composés organiques volatils issus du séchage du bois. Application au chêne rouge et au pin gris. Thèse de doctorat, Université Laval, Canada.

Demir I., Van De Venter H.A. 1999. The effect of priming treatments on the performance of watermelon (*Citrillus lanatus* (Thunb.) Matsum. and Nakai) seeds under temperature and osmotic stress. Seed Sci. Technol., 27: 871-875.

Demir Kaya M., Okçu Gamze., Atak M., Çikili Y. and Kolsarici Ö. 2006. Seed treatment to overcome salt and drought stress during germination in sunflower (*Helianthus annuus* L.). Eur. J. Agronomy. 24: 291-295.

Di Martino C., Delfine S., Pizzuto R., Loreto F., Fuggi A. 2003. Free amino acids and glycine betaine in leaf osmoregulation of spinach responding to increasing salt stress. New Phytologist; 158: 455-463.

Dionisio-Sese M.L., Tobita S. 1998. Antioxidant responses of rice seedlings to salinity stress. Plant Sci., 135, 1-9.

Downey R.K. and Rakow G.F. 1987. Rapeseed and Mustard Principles of Cultivar Development. Vol. 2, McMillian Publishers Comp., New York.

Dregne H.E. 1976. Soils of arid regions. Elsevier Scientific Publishing, Amsterdam.

Duke J.A. 1983. Handbook of energy crops. www.hort.purdue.edu/newcrop/duke_energy/ dukeindex.html.

Dubey R.S. 1997. Photosynthesis in plants under stressful conditions. *In*: Handbook of photosynthesis (Ed.: M. Pessarakli). Marcel Dekker, New York. pp. 859-975.

Dudley L.M. 1994. Salinity in the soil environment. *In*: Handbook of plant and crop stress (Ed.: M. Pessarakli), Marcel Dekker, New York. pp. 13-30.

Duman I. 2006. Effects of seed priming with PEG and K_3PO_4 on germination and seedling growth in letluce. Pak. J. Biol. Sci., 9: 923-928.

Du L.V., Tuong T.P. 2002. Enhancing the performance of dry-seeded rice: Effects of seed priming, seedling rate, and time of seedling. In: Direct seeding: Research strategies and opportunities (Eds. Pandey et al.), International Rice Research Institute, Manila, Philippines. pp. 241-256.

E

Ekin Z. 2005. Resurgence of safflower (*Carthamus tinctorius* L.) utilization: A global view. J. Agron., 4: 83-87.

Ebert G., Eberle J., Ali-Dinar H., Lüdders P. 2002. Ameliorating effects of $Ca(NO_3)_2$ on growth, mineral uptake and photosynthesis of NaCl-stressed guava seedlings (*Psidium guajava* L.). Scien. Hortic. 93:125-135.

El Jaafari S. 1993. Contribution à l'étude des mécanismes biophysiques et biochimiques de résistance à la sécheresse chez le blé (*Triticum aestivum* L.). Doctorat de la faculté des sciences agronomiques de Gembloux, Belgique, 214p.

Ellis R.A. and Roberts E.H. 1981. The quantification of ageing and survival in orthodox seeds. Seed Sci. Technol. 9: 373-409.

El-Tayeb M.A., 2005. Response of barley grains to the interactive effect of salinity and salicylic acid. Plant Growth Regulat., 45: 215-224.

Emongor V. 2010. Safflower (*Carthamus tinctorius* L.) the underutilized and neglected crop: A review. Asian Journal of Plant Sciences, 1-8.

F

Fadzilla N.M., Finch R.H., Burdon R.H. 1997. Salinity, oxidative stress and antioxidant responses in shoot cultures of rice. J. Exp. Bot., 48, 325-331.

Faville M., Silvestre W., Allan T., Jermyn W. 1999. Photosynthetic characteristic of three asparagus cultivars differing in yield. Crop Sci. 39: 1070-1077.

FAO 1997. Soil map of the World. Revised Legend. Worl Soil Resources Report. FAO, Rome.

Farooq M., Basra S.M.A., Hafeez K. 2005. Seed invigoration by osmohardening in indica and japonica rice. Seed Sci. Technol. 33(3).

Farooq M., Shahzad M., Basra A., Hefeez-ur R., Tariq M. 2006. Germination and Early Seedling Growth as affected by presowing Ethanol Seed Treatments in Fine Rice. Int. J. Agri. Biol. 8(l): 19-22.

Farooq U., Kozinski JA., Khan MA., Athar M. 2010. Biosorption of heavy metal ions using wheat based biosorbents – A review of the recent literature Bioresource Technology 101 5043–5053.

Feghenabi F. 2007. The effect of seed priming on safflower. The effect of seed priming on safflower. M.S. thesis, University of Urmia, Iran, 1-70.

Feigin A. 1985. Fertilization management of crops irrigated with saline water. Plant and Soil 89, 285.

Fisarakis I., Chartzoulakis K., and Stavrakas D. 2001. Response of Sultana vines (V. vinifera L.) on six rootstocks to NaCl salinity exposure and recovery. Agric. Water Manag., 51: 13–27.

Fisher R.A., Turner N.C. 1978. Plant productivity in arid and semi arid zones Ann. Rev. Plant Physiol., 29, 897–912.

Ford C.W. 1984. Accumulation of low molecular weight solutes in water stress tropical legumes, Phytochemistry 22, 875–884.

Foyer C.H., Descourvieres P., Kunert K.J. 1994. Protection against oxygen radicals: An important defense mechanism studied in transgenic plants. Plant Cell Environ., 17: 507-523.

Francois L.E. and Maas E.V. 1994. Crop response and management on salt-affected soils. In; *Handbook of plant and crop stress* (M. Pessarakli, ed.). New York: Marcel Dekker, Inc. p. 149-181.

G

Gao W.Y., Fan L., Paek L.Y. 2000. Yellow and red pigment production by cell cultures of Carthamus tinctorius in a bioreactor. Plant Cell Tissue Organ Cult 60: 95-100.

Garratt L.C., Janagoudar B.S., Lowe K.C., Anthony P., Power J.B., Davey M.R. 2002. Salinity tolerance and antioxidant status in cotton cultures, Free Radical. Biol. Med., 33: 502–11.

Garces R. Mancha M. 1991. In vitro oleate desaturase in developing sunflower seeds. Phytochemistry, 30:7; 2127-30.

Ghiyasi M., Abbasi Seyahjani A., Mehdi T., Reza A., Hojat S. 2008. Effect of osmopriming with polyethylene glycol (8000) on germination and seedling growth of wheat (*Triticum aestivum* L.) seeds under salt stress. Res. J. Biol. Sci., 3: 1249-1251.

Ghoulam C., Foursy A. and Fares K. 2001. Effect of salinity on seed germination and early seedling growth of sugar beet (*Beta vulgaris* L.). Seed Sci. And Technol. 29: 357-364.

Ghoulam C., Foursy A., Fares K. 2002. Effects of salt stress on growth inorganic ions and proline accumulation in relation to osmotic adjustment in five sugar beet cultivars, Environ. Exp. Bot. 47(1): 39-50.

Gigon A., Matos A.R. Laffray D. Zuily-Fodil Y. and Pham-Thi A.T. 2004. Effect of drought stress on lipid metabolism in the leaves of *Arabidopsis thaliana* (Ecotype Columbia). Ann. Bot., 94: 345-351.

Girija C., Smith B.N., Swamy P.M. 2002. 'Interactive effects of sodium chloride and calcium chloride on the accumulation of proline and glycinebetaine in peanut (*Arachis hypogaea* L.)' Environ. Exp. Bot. 47 : 1-10.

Gomez I., Navarro-Pedrero J., Moral R., Iborra M.R., Palacios G., Mataix J. 1996. Salinity and nitrogen fertilization affecting the macronutrient content and yield of sweet pepper. Journal of Plant Nutrition. 19:353-359.

Gomezcadenas A., Arbona V., Jacas J., Primomillo E., Talon M. 2002. Abscissic acid reduces leaf abscission and increases salt tolerance in citrus plants. J. Plant Growth Regul., 21, 234-240.

Gong S, Zheng C, Doughty ML, Losos K, Didkovsky N, Schambra UB, Nowak NJ, Joyner A, Leblanc G, Hatten ME, Heintz N 2003. A gene expression atlas of the central nervous system based on bacterial artificial chromosomes. Nature 425: 917–925.

Gorham J. 1995. Mechanism of salt tolerance of halophytes. *In*: Choukr Allah C.R., Malcolm C.V., Handy A. (Eds.), Halophytes and Biosaline Agriculture. Marcel Dekker, New York, pp. 207–223.

Grattan S.R., Grieve C.M. 1999. Mineral nutrient acquisition and response by plants grown in saline environments. *In*: Pessarakli M. (ed.): Handbook of Plant and Crop Stress. Marcel Dekker, New York: 203–229.

Greenway H, Munnes R. 1980. Mechanisms of salt tolerance in monohaplophytes. Annual.Review. Plant Physiol 31:149-190.

Griehl C., Polhardt H., Muller D., Bieler S. 2011. Microalgues growth and fatty acid composition depending on carbon dioxyde concentration in microlalgue. Biotehchnology, Microbiology and Energy (Hrrg: M.N. Johansen), Nova science Publishers, New York.

Guerrier G. 1996. Fluxes of Na^+, K^+ and Cl^- and osmotic adjustment in *Lycopersicon pimpinellifolium* and *L. esculentum* during short- and long-term exposures to NaCl. Physiol. Plant. 97: 583–591.

Gulzar S., Khan M.A. & Ungar I.A. 2003. Effects of Salinity on growth, ionic content and plant-water relations of *Aeluropus lagopoides*. Communications in Soil Science and Plant Analysis 34: 1657–1668.

Gupta S., Chattopadhyay M.K., Chatterjee P., Ghosh B., SenGupta D.N. 1998. Expression of abscisic acid-responsive element-binding protein in salt tolerant indica rice (*Oryza sativa* L. cv. Pokkali) Plant Mol. Biol., 137. 629–637.

H

Hachicha M., Job J.O., Mtimet A. 1994. Les sols salés et la salinisation des sols en Tunisie. Sols de Tunisie, Bulletin de la Direction des Sols (15): 270-341.

Hajibagheri M.A., Harvey D.M.R., Flowers T.J. 1987. Quantitative ion distribution within root-cells of salt-sensitive and salt-tolerant maize varieties.*New Phytol* 105: 367–379.

Halvorson A.D., Black. A.L. 1985. Long-term dryland crop responses to residual phosphorus fertilizer. Soil Sci. Soc. Am. J. 49:928–933.

Hamdi W., Faten Gamaoun, David E. Pelster et Seffen M. 2013. Nitrate Sorption in an Agricultural Soil Profile. Applied and Environmental Soil Science. vol. 2013, Article ID 597824, 7 pages.

Hamdy N. 1996. In 'Halophytes and Biosaline Agriculture'. (Ed. R. Choukr-Allah et al.) pp. 147-180. (Marcel Dekker, New York).

Hamrouni I., Ben Salah H., Marzouk B., 2001. Effects of water-deficit on lipids of safflower aerial parts. Phytochemistry 58, 277–280.

Harrathi J., Hosni K., Karray-Bouraoui N., Attia H., Marzouk B., Magné C., Lachaal M. 2012. Effect of salt stress on growth, fatty acids and essential oils in safflower (*Carthamus tinctorius* L.)

Harris D., Joshi A., Khan P.A., Gothkar P., and Sodhi P.S. 1999. On-farm seed priming in semi-arid agriculture: development and evaluation in maize, rice and chickpea in India using participatory methods. Experimental Agriculture 35:15-29.

Hasegawa P.M., Bressan R.A., Handa A.V. 1986. Cellular mechanisms of salinity tolerance. Hortscience. 21, 1317 - 1324.

Hasegawa P.M., Bressan R.A., Zhu J.K. and Bohnert H.J. 2000. Plant cellular and molecular responses to high salinity. Annu. Rev. Plant Physiol. Plant Mol. Biol. 51, 463-499.

Hermandez J.A., Campilio A., Jimenez A., Alarcon J.J., Sevilla F. 1999. Response of antioxidant systems and leaf water relations to NaCl stress in pea plants. New Phytol., 141, 214-251.

Hester M.W., Mendelssohn I.A., McKee K.L. 2001. Species and population variation to salinity stress in *Panicum hemitomon, Spartina patens*, and *Spartina alterniflora*: morphological and physiological constraints. Environ. Exper. Bot. 46, 277–297.

Hilda P., Graciela R., Sergio A., Otto M., Ingrid R., Hugo P.C., Edith T., Estela M.D., Guillermina A. 2003. Salt tolerant tomato plants show increased levels of jasmonic acid. Plant Growth Regul., 41, 149-158.

Hiramatsu M., Takahashi T, Komatsu.M, Kido.T and Kasahara.Y. 2009. Antioxidant and neuroprotective activities of Mogami-benibana (safflower, *Carthamus tinctorius* L.). Neurochem Res., 34(4):795- 805.

Hirrel M.C. and Gardemann J.W., 1980. Improved growth of onion and bellpepper in saline soils by two vesicular-arbuscular mycorrhizal fungi. Soil Sci. Soc. Am. J. 44, 654 ± 655.

Hussein MM, Balbaa LK, Gaballah, MS. 2007. Salicylic acid and salinity effects on growth of maize plants. Res J Agric Biol Sci 3(4):321-328

Hosein Gholami, Reza farhadi, Mohammad rahimi, Azar zeinalikharaji, Armin Askari. 2013. Effect of Growth Hormones on Physiology Characteristics and Essential Oil of Basil under Drought Stress Condition. J Am Sci; 9(1):61-63.

Hsu C.C., Chen C.L., Chen J.J., and Sung M. 2003. Accelerated aging enhanced lipid peroxidation in bitter gourd seeds and effects of priming and hot water soaking treatments. Scintia Hortic., 98: 201-212.

I

Ingram J., Bartels D. 1996. The molecular basis of dehydration tolerance in plants. *Annu Rev. Plant Mol. Biol.* 47, 377 – 403.

Iqbal M., Ashraf M., Jamil M., Rehman S.U. 2006. Does seed priming induce changes in the levels of some endogenous plant hormones in hexaploid wheat plants under salt stress? Journal of integrative plant biology. 48 (2), 181 - 189.

Irving D.W., Shannon M.C., Breda V.A. and Mackey B.E 1988. Salinity effects on yield and oil quality of highlinoleate and high-oleate cultivars of safflower (*Carthamus tinctorius* L.). J. Agri.& Food Chem., 36(1): 37-42.

Iserin P. 2001. Larousse des plantes médicinales, identification, préparation, soins. (ed.). Larousse. Pp: 15-16, 68.

Iyengar E.R.R. and Reddy M.P. 1996. Photosynthesis in high salt tolerant plants. *In*: Pesserkali, M. (Ed.). Hand Book of Photosynthesis. Marshal Deker. Baten Rose, USA, pp. 56-65.

J

Jacoby B. 1994. Mechanisms involved in salt tolerance by plants. *In*: Pessakakli, M. (Ed.), Handbook of Plant and Crop Stress. Marcel Dekker, New York, pp. 97–125.

Jeng T.L. and Sung J.M. 1994. Hydration effect on lipid peroxidation and peroxide- scavenging enzymes activity of artificially aged peanut seed. Seed Science and Technology, Zürich, v.22, 531-539.

Jeschke W.D. 1984. K$^+$-Na$^+$ exchange at cellular membranes, intracellular compartmentation of cation and salt tolerance. *In*: Salinity tolerance in plants. Strategies for Crop Improvement. (Eds.), R. C. Staples and G. H. Toenniessen. John Wiley and Sons, New York. p. 37-66.

Jumsoon K.J., Lai C.J. and Yeonok. J. 1996. Effect of seed priming on the germination of tomato seeds under water and saline stress. J. Kor. Soc. Hort. Sci, 37, 516-521.

K

Kafkafi U., Siddiqi M.Y., Ritchie R.J., Glass A.D.M., Ruth T.J., 1992. Reduction of nitrate (^{13}NO3) influx and nitrogen (^{13}N) translocation by tomato and melon varieties after short exposure to calcium and potassium chloride salts. J. Plant Nutr. 15, 959-975.

Kao W.Y., Tsai T.T. and Shih C.N. 2003. Photosynthetic gas exchange and chlorophyll a fluorescence of three wild soybean species in response to NaCl treatments. Photosynthetica, 41: 415-419.

Kaur S., Gupta A.K. and Kaur N. 2004. Seed priming increases crop yield possibly by modulating enzymes of sucrose metabolism in chickpea. J. Agronomy and crop Science 191, 81 – 87.

Kawasaki S., Borchert C., Deyholos M. 2001. Gene expression profiles during the initial phase of salt stress in rice. *Plant Cell* 13, 889 – 905.

Kaya C., Kirnak H., Higgs D., 2001. Enhancement of growth and normal growth parameters by foliar application of potassium and phosphorus on tomato cultivars grown at high (NaCl) salinity. J. Plant Nutr., 24 (2), 357–367.

Kaya C., Higgs D., Saltali K., Gezeral O. 2002. Response of strawberry grown at high salinity and alkalinity to supplementary potassium. J. Plant. Nutr. 25(7): 1415-1427.

Kaya M.D., Okcu G., and Atak M. 2006. Seed treatments to overcome salt and drought stress during germination in sunflower (*Helianthus annuus* L.). Eur. J. Agron. 24: 291-295.

Khajeh-Hosseini M., Powell A.A., Bimgham I.J. 2003. The interaction between salinity stress and seed vigor during germination of soybean seeds. Seed Sci. Technol. 31: 715-725.

Khalid A. 2006. Influence of water stress on growth, essential oil, and chemical composition of herbs (*Ocimum* sp.). Int. Agrophys. 20, 1–8.

Khan M.A., Ungar I.A. and Showalter A.M. 2000. Effects of sodium chloride treatments on growth and ion accumulation of the halophyte Haloxylon recurvum. Commun. Soil Sci. Plant Anal., 31, 2763-2774.

Khan A.H. and Ashraf M.Y. 1988. Effect of sodium chloride on growth and mineral composition of sorghum. Acta Physiol. Plant., 10: 259-264.

Khan H.A., Ayub C.M. Pervez M.A., Bilal R.M., Shahid M.A. and Ziaf K. 2009. Effect of seed priming with NaCl on salinity tolerance of hot pepper (*Capsicum annum* L.) at seedling stage. Soil Environ., 28: 81-87.

Khan MA, Duke NC. 2001. Halophytes- A resource for the future. Wetland Ecology and Management, 6:455-456.

Khila Sami Bhouri, Boutheina Douh, Amel Mguidiche, Françoise Ruget, Mohsen Mansour, Abdelhamid Boujelben 2013. Yield and Water Use Efficiency of Durum Wheat (*Triticum durum* Desf.) Cultivar Under the Influence of Various Irrigation Levels in a Mediterranean Climate. J. Nat. Prod. Plant Resour. 3 (1): 78-87.

Kleingarten L. 1993. Page 5 *in* Notes Safflower Conference, Billings, Montana, 18 February 1993. (H.-H. Mündel and J. Braun, eds.). Lethbridge, AB, Canada.

Knight H., Trewavas A.J., Knight M.R. 1997. Calcium signalling in *Arabidopsis* thaliana responding to drought and salinity, Plant J. 12, 1067–1078.

Knowles P.F. 1959. Plant Exploration Report for Safflower and Miscellaneous Oilseeds: Near East and Mediterranean Countries, March-October 1958. Dept. of Agronomy, University of California, Davis, CA, in collaboration with USDA-ARS Crop Research Division, CR-43-5.

Knowles P.F. 1965. Report of Sabbatic Leave, August 1, 1964-August 1, 1965. Report for University of California, Davis, CA. [48 text pp. plus numerous photos.

Knowels P.F. 1969. Centers of plant diversity and conservation of crop germplasm. Safflower. Econ. Bot., 23: 324-329.

Kolte S.J. 1985. Disease of Annual Edible Oilseed crops, III. Sunflower, Safflower and Nigerseeds diseases. CRC press, Boca Raton, Florida, USA, 97-136.

Kumar H., Pillai R.S.N, and Singh R.B. 1981. Cytogenetic studies in safflower. *In Proceedings of the 1st International Safflower Conference*, Davis, CA, pp. 126–136.

L

Lagha N. 2008. Etude du carthame (*Carthamus tinctorius* L): La plante et ses huiles essentielles. Memoire de master. 63p.

Lauchli A. Schubert S. 1989. The role of calcium in the regulation of membrane and cellular growth processes under salt stress, NATO ASI Ser. G. 19, 131–137.

Läuchli A. and Epstein E. 1990. Plant responses to saline and sodic conditions. In K.K. Tanji (ed). Agricultural salinity assessment and management. ASCE manuals and reports on engineering practice No, 71. pp 113–137 ASCE New York.

Lee J.Y., Chang E.J., Kim K.J., Park J.H., Choi S.W. 2002. Antioxydative flavonoids from leaves of *Carthamus tinctorius* L. Arch Pharm Res 25: 313-319.

Leslie C.A. and Romani R.J. 1988. Inhibition of ethylene biosynthesis by salicylic acid. Plant Physiol., 88: 833–7.

Leung J. and Giraudat J. 1998. Abscisic acid signal transduction. Ann. Rev. Plant Physiol. Plant Mol. Biol., 49, 199-222.

Levitt J. 1980. Responses of Plants to Environmental Stresses, Vol. II. Academic Press, New York.

Li D.J. and Mündel H.H. 1996. Safflower. *Carthamus tinctorius* L. Promoting the conservation and use of underutilized and neglected crops. 7. Institute of Plant Genetics and Crop Plant Research, Gatersleben, Germany/International Plant Genetic Resources Institute, Rome, Italy. 83 pp.

Li X., Yang Y.Q., Zhang M., and Wang X.F. 2010. Effect of PEG priming on plasma membrane H+-ATPase activities and mitochondrium function in soybean seeds. Seed Sci. Technol 38:49-60.

Lichtenthaler H.K. 1987. Chlorophylls and carotenoids: Pigments of photosynthetic biomembranes. Methods in Enzymology, 148: 350-382.

Li D. and Han Y. 1993. The development and exploitation of safflower tea. Pp. 837-843 *in* Proceedings of the Third International Safflower Conference, Beijing, China, 9-13 June 1993 (Li Dajue and Han Yunzhou, eds.). Beijing Botanical Garden, Institute of Botany, Chinese Academy of Sciences.

Liu J., Zhu J.K. 1998. A calcium sensor homolog required for plant salt tolerance, Science 280, 1943–1945.

Lopez M.V. and Satti S.M.E. 1996. Calcium and potassium-enhanced growth and yield of tomato under sodium-chloride stress. Plant Sci., 114: 19-27.

Lu S., Zhang F.Q., Meng G.L., Wang Y.L., 2004. *Carthamus tinctorius* L. oil and its using in food. Food Research and Development 25, 74–76 (in Chinese).

Lunin J., Gallatin M.H., Batchelder A.R. 1963. Saline irrigation of several vegetable crops at various growth stages I. Effect on yields. Agron. J. 55, 107±114.

Lutts S., Kinet J.M. and Bouharmont J. 1996. Effects of various salts and of mannitol on ion and proline accumulation in relation to osmotic adjustment in rice (*Oryza sativa* L.) callus cultures. J. Plant Physiol., 149: 186-195.

M

Maas E.V., Hoffman G.J. 1977. Crop salt tolerance, current assessment. J. Irrig. Drain. Div. ASCE 103, 115-134.

Maas E.V., Poss J.A. 1989. Salt sensitivity of cowpea at various growth stages. Irrig. Sci. 10: 313-320.

Maas E.V., Grieve C.M. 1990. Spike and leaf development in salt-stressed wheat. Crop Sci.30:1309–1313.

Mahasi M.J., Pathak R.S., Wachira F.N., Riungu T.C., Kinyua M.G., Kamundia J.W. 2006. Correlations and path coefficient analysis in exotic safflower (*Carthamus tinctorius* L.) geneotypes tested in the arid and semi arid lands (Asals) of Kenya. Asian J. Plant Sci., 5: 1035-1038.

Mansour M.M.F. 2000. Nitrogen containing compounds and adaptation of plants to salinity stress. Biol. Plant., 43: 491–500.

Mansour M.A., Nagi M.N., El-Khatib A.S., Al-Bekairi A.M. 2002. Effects of thymoquinone on antioxidant enzyme activities, lipid peroxidation and DT- diaphorase in different tissues of mice: a possible mechanism of action. Cell Biochem. Funct. 20:143-151.

Marschner H. 1995. *Mineral nutrition of higher plants, 2nd edn. London:* Academic Press.

Martin D.L., Mazliak P., 1995. Physiologie végétale : Nutrition et métabolisme, Collection «Méthodes», Hermann.

Marziyeh Hoseini, Sahar Baser Kouchebagh and Elham Jahandideh 2013. Response of Fennel to Priming Techniques. Annual Review & Research in Biology. 3(2): 124-130.

McCue K.F., Hanson A.D. 1990. Drought and salt tolerance: towards understanding and application, Biotechnology 8, 358–362.

Meloni D.A., Oliva M.A., Ruiz H.A., Martinez C.A. 2001. Contribution of proline and inorganic solutes to osmotic adjustment in cotton under salt stress. J. Plant Nutr. 24: 599-612.

Menogeuzzo S., Navarizzo F. 1999. Antioxidative responses of shoot and roots of wheat to increasing NaCl concentrations. J. Plant Physiol., 155, 274-280.

Misra N.M., Dwibedi D.P. 1980. Effects of pre-sowing seed treatments on growth and dry matter accumulation of high yielding wheat under rainfed conditions. Indian J. Agron. 25:230–234.

Mittova V., Tal M., Volokita M., Guy M. 2003. Upregulation of the leaf mitochondrial and peroxisomal antioxidative systems in response to salt-induced oxidative stress in the wild salt-tolerant tomato species Lycopersicon pennellii. Plant Cell Environ., 26: 845–856.

Mohammadi G.R. 2009. The influence of NaCl priming on seed germination and seedling growth of canola (Brassica napus L.) under salinity conditions. American-Eurasian J. Agric & Environ. Sci. 5: 696-700.

Morales C., Cusido R.M., Palazon J. and Bonfill M. 1993. Tolerance of mint plants to soil salinity. J. of the Indian Society of Soil Science, Vol. 44(1):184-186.

Mündel H.H., Morrison R.J., Blackshaw R.E., and Roth B. (eds). 1992. Safflower Production on the Canadian Prairies. Agric. Canada Res. Station, Lethbridge/Alberta Safflower Growers Association with funding by Farming for the Future Project No. 87- 0016, Alberta Agric. Research Institute. 35 p.

Munns R. 1993. Physiological processes limiting plant growth in saline soil: some dogmas and hypotheses. Plant Cell and Environment 16, 15–24.

Munns R., Schachtman D.P. & Condon A.G. 1995. The significance of a two-phase growth response to salinity in wheat and barley. Australian Journal of Plant Physiology 22, 561–569.

N

Nagaraj G. 1993. Safflower seed composition and oil quality-A review. *In*: Dajue, L., Yuanzhou, H. (Eds.), Proceedings of the Third International Safflower Conference, Beijing, China, 14–18 June 1993, Chinese Academy of Sciences, pp. 58– 71.

Nagaraj G., Devi G.N., Srinivas C.V.S. 2001. Safflower petals and their chemical composition. Proceedings of the 5th International Safflower Conference, Williston, North Dakota and Sidney, Montana, USA, 23-27 July, 2001. Safflower: a multipurpose species with unexploited potential and world adaptability, pp. 301-302.

Nascimento W.M. and West S.H. 1998. Micro organism growth during muskmelon seed priming. Seed Sci.Technol. 26, 531 - 534.

Navarro J.M., Botella M.A., Cerda A. and Martinez V. 2000. Effect of salinity and calcium interaction on cation balance in melon plants grown under two regimes of orthophosphate. *J. Plant Nutr.*, 23, 991–1006.

Neffati M. and Marzouk B. 2008. Changes in essential oil and fatty acid composition in coriander (Coriandrum sativum L.) leaves under saline conditions," Industrial Crops and Products. 28, 2. 173–142.

Netting A.G. 2000. PH, abscisic acid and the integration of metabolism in plants under stressed and non-stressed conditions: Cellular responses to stress and their implication for plant water relations. *J. Exp. Bot.* 51, 147 – 158.

Neumann P. 1997. Salinity resistance and plant growth revisited. Plant, Cell & Environment, 20: 1193–1198.

Nikabadi S., Sleimani A., Dehdashti S.M., Yazdanibakhsh M. 2008. Effect of sowing dates on yield and yield conponents of spring safflower (*Carthamus tinctorius* L.) in Isfahan region. Pak. J. Biol. Sci., 11: 1953-1956.

Ninfa A.J. Ballou D.P. 1998. Fundamental Laboratory Approaches for Biochemistry and Biotechnology, Fitzgerald Science Press, Inc., Bethesda, MD, pp. 175–218.

Noble C.L., and Rogers M.E. 1992. Arguments for the use of physiological criteria for improving the salt tolerance in crops. Plant Physiol., 146: 99–107.

Noiraud N., Maurousset L., Lemoine R. 2001. Transport of polyols in higher plants. Plant Physiology and Biochemistry; 39: 717-728.

O

Omielon J.A., Epistein E., Dvovak J. 1991. Salt tolerance and ionic relations of wheat affected by individual chromosomes of salt tolerant Lophopyrum. Genome, 34, 961-974.

P

Pardossi A., Bagnoli F., Malorgioc A., Campiottic A., Tognini F. 1999. NaCl effects on celery grown in saline conditions. Hort.Sci .81, 229 - 242.

Pareek A., Singla S.L. and Grover A. 1997. Salt Responsive Proteins/genes in Crop Plants. *In*: Strategies for Improving Salt Tolerance in Higher Plants, Jaiwal, P.K., R.P. Singh and A. Gulati (Eds.). Oxford and IBH publ. Co., New Delhi, pp: 365-391.

Parida A., Das A.B., Das P. 2002. NaCl stress causes changes in photosynthetic pigments, proteins and other metabolic components in the leaves of a true mangrove, *Bruguiera parviflora*, in hydroponic cultures. J. Plant Biol. 45, 28–36.

Passam H.C., Kakouriotis D. 1994. Effects of osmoconditionning on the germination, emergence and early plant growth of cucumber under saline conditions. Hort.Sci. 57, 233 – 240.

Paul S.R, Choudhury A.K. 1991. Effects of seed priming with potassium salts on growth and yield of wheat under rain fed condition. Ann. Agric. Res. 12: 415-418.

Penka M. 1978. Influence of irrigation on the contents of effective substances in official plants. Acta Hort., 73: 181-198.

Perez-Alfocea F., Estan M.T., Santa Cruz A. and Bolarin M.C. 1993. Effects of salinity on nitrate, total nitrogen, soluble protein and free amino acid levels in tomato plants. J. Hort. Sci. 68, 1021-1027.

Pettigrew W.T., Meredith W.R. 1994. Leaf gas exchange parameters vary among cotton genotypes. Crop Sci. 34: 700-705.

Petropoulos S.A., Dimitra D., Polissiou M.G., Passam H.C. 2008. The effect of water deficit stress on the growth, yield and composition of essential oils of parsley. Sci. Hortic. 15, 393–397.

Pill W.G., Frett J.J. and Morneau D.C. 1991. Germination and seedlings emergence of primed tomato and asparagus seeds under adverse conditions. Hortscience. 26, 1160 – 1162.

Pill W.G., Crossan C.K., Frett J.J., and Smith W.G. 1994. Matric and osmotic priming of *Echinacea purpurea* L. Moench seeds. Sci. Hortic. 59:37-44.

Popova L.P., Stoinova Z.G. and Maslenkova L.T. 1995. Involvement of abscisic acid in photosynthetic process in *Hordeum vulgare* L. during salinity stress. J. Plant Growth Regul., 14, 211-218.

Popova L, Pancheva T, Uzunova A. 1997. Salicylic acid properties biosynthesis and physiological role. Rev Plant Physiol 85-93.

Potluri S.D.P., Devi Prasad P.V. 1994. Influence of Salinity on axillary bud cultures of six lowland tropical varieties of potato (*Solanum tuberosum* L.). Plant Cell. Tissue. Organ. Culture. 32, 185- 191.

Pottier-Alapetite G. 1981. Flore de la Tunisie Angiospermes-Dicotylédones, Apétales Dialypétales. Publications Scientifiques tunisiennes. p. 293.

Prud, E.C., Menge, J.A., Jarrell, W.M., 1984. Improved growth of tomato in salinized soil by vesicular-arbuscular mycorrhizal fungi collected from saline soils. Mycologia 76, 74±84.

Q

Qin Y. 1990. An analysis on the clinical treatment of male sterility of 300 cases by kidney-benefited and invigorating blood-circulation decoction [in Chinese]. Jiangxi Traditional Chinese Medicine 21(3):21-22.

R

Raheleh A., Manoochehr M., Masoud Z., and Javad Rousta M. 2013. The effects of seed priming with salicylic acid on the growth of maize under salinity conditions. International Journal of Agriculture and Crop Sciences. Vol., 5 (16), 1820-1826.

Rashid H., Flower B.P., and Quinn T.M. 2006. Tropical Indian Ocean paleoclimatic history over the last 173000 years. Eos, Trans., AGU, 87, PP31B-1748.

Rausch T., Kirsch M., Lfiw R., Lehr A., Viereck R., An Zhigan. 1996. Salt stress responses of higher plants: the role of proton pumps and Na^+/H^+ antiporters. *In*: Lichtenthaler HK, ed. Vegetation stress. Journal of Plant Physiology 148, 425-33.

Rehman S., Harris P.J.C., Bourne W.F. 1998. Effects of pre-sowing treatment with calcium salts, potassium salts, or water on germination and salt tolerance of *Acacia* seeds. *J. Plant Nutr.* 21, 277 – 285.

Rhoades J.D., Kandiah A., Mashali A.M. 1992. The use of saline waters for crop production. Irrigation and drainage paper 48. FAO, Rome, p.133

Romero-Aranda R., Soria T. and Cuartero J. 2001. Tomato plant–water uptake and plant–water relationships under saline growth conditions. *Plant Sci.*, 160, 265 – 272.

Rowse H.R. 1995. Drum Priming- A non-osmotic method of priming seeds. Seed Science and Technology. 24: 281-294.

Ruan S., Xue Q., Tylkowska K. 2002. Effects of seed priming on germination and health of rice (*Oryza sativa* L.) seeds. Seed Science and Technology 30: 451-458.

S

Sacher R.F., Staples R.C. 1984. Chemical microscopy for study of plant in saline environments. *In*: Salinity Tolerance in Plants: Strategies for Crop Improvement. Staples, R.C. and Toenniessen, G.A. eds. Wiley Interscience, New York, pp. 17-35.

Sakamoto A., Alia, Murata N. 1998. Metabolic engineering of rice leading to biosynthesis of glycinebetaine and tolerance to salt and cold. Plant Mol Biol 38: 1011–1019.

Salim M. 1989. Salinity effects on growth and ionic relations of two Triticale varieties differing in salt tolerance. J. Agron. Crop Sci., 162: 35–42.

Salisbury F.B., Ross C.W. 1992. Plant physiology. Wadsworth Publishing Company, Inc. Belmont.

Sallam H.A. 1999. Effect of some seed-soaking treatments on growth and chemical components on faba bean plants under saline conditions. *Ann. Agr. Sci.* 44, 159 – 171.

Savvas D. and Lenz F. 1996. Influence of NaCl concentration in the nutrient solution on mineral composition of eggplants grown in sand culture. Angew. Bot. 70, 124-127.

Scalet M., Federice R., Guido M.C., Manes F. 1995. Peroxidase activity and polyamine changes in response to ozone and simulated acid rain in Aleppo pine needles. Environmental and Experimental Botany, 35: 417-425.

Schwanz P., Picon C., Vivin P., Dreyer E., Guehi J.M., Polle A. 1996. Response of antioxidative systems to drought stress in pendunculate oak and maritime pine as modulated by elevated CO2. Plant Physiology 110, 393±402.

Shabala S. and Cuin T.A. 2006. Osmoregulation versus osmoprotection: re-evaluating the role of compatible solutes. *In*: Teixeira da Silva J, editor. Floriculture, ornamental and plant biotechnology – advances and topical issues. Tokyo, Japan: Global Science Books; p. 405-416.

Shafi M., Bakht J., Jaffar H.M., Raziuddin M. and Guoping Z. 2009. Effect of Cadmium and Salinity Stresses on Growth and Antioxidant Enzyme Activities of Wheat (*Triticum aestivum* L.). Bull Environ Contam Toxicol., 82:772–776.

Shafi M., Bakht J. Guoping Z. Islam I. Khan M.A. and Raziuddin 2010. Effect of cadmium and salinity stresses on root morphology of Wheat. Pak. J. Bot., 42(4): 2747-2754.

Shakirova MF, Sakhabutdinova AR, Bezrukova MV, Fatkhutdinova RA, Fatkhutdinova DR. 2003. Changes in the hormonal status of wheat seedlings induced by SA and salinity. Plant Science 164(3):317-322

Shannon M.C. 1984 Breeding, selection and the genetics of salt tolerance. *In* Salinity Tolerance in Plants. Eds. R C Staples and G H Toenniessen. pp 231-254. John Wiley and Sons, New York.

Shanon M.C. 1986. New insights in plant breeding efforts for improved salt tolerance Hort. Technol., 6, 96–99.

Shannon M.C., Grieve, C.M., and Francois L.E. 1994. Whole-plant response to salinity. *In* "Plant-Environment Interactions" (R. E. Wilkinson, Ed.), pp. 199-244. Dekker, New York.

Shannon M.C., Francois L.E. 1977. Influence of seed pre-treatment on salt tolerance of cotton during germination. Agron. J., 69: 619–622.

Sharma P.K., Hall D.O. 1991. Interaction of salt stress and photoinhibition on photosynthesis in barley and sorghum. J Plant Physiol. 138:614–619.

Siddiqui M.H., Oad F.C. 2006. Nitrogen requirement of safflower (*Carthamus tinctorius*) for growth and yield traits. Asian J. Plant Sciences, 5, 563-566.

Singh N., Ma L.Q., Srivastava M., Rathinasabapathi B., 2006. Metabolic adaptations to arsenic-induced oxidative stress in Pteris vittata L. and Pteris ensiformis L. Plant Science 170, 274–282.

Singh M., Singh S.P. 1980. Zinc and phosphorus interaction in submerged paddy soils. 129: 282.

Silveira J.A.G., Melo A.R.B., Viégas R.A., Oliveira J.T.A. 2001. Salinity-induced effects on nitrogen assimilation related to growth in cowpea plants. Environmental and Experimental Botany, Memphis, v.46, p.171-179.

Sivirtepe H.O., Eris A., Sivirtepe N. 1999. Effects of priming treatments in melon seeds. Acta.Hort. 492, 287 – 295.

Sivritepe N., Sivritepe H.O., Eris A. 2003. The effects of NaCl priming on salt tolerance in melon seedlings grown under saline conditions. *Sci Hortic* 97, 229 – 237.

Sivirtepe H.O., Sivirtepe N., Eris A., Turhan E. 2005. The effects of NaCl pre-treatments on salt tolerance of melons grown under long-term salinity. Scientia.hortic. 106, 568 – 581.

Smirnoff N., 1993. The role of active oxygen in response of plants to water deficit and dessication. New Phytol., 125: 27-58.

Smith J.R. 1996. Safflower. AOCS Press, Champaign, IL, USA. 624 p.

Sonneveld C., de Kreij C. 1999. Response of cucumber (*Cucumis sativus* L.) to an unequal distribution of salt in the root environment. Plant Soil, 209, 47–56.

Song J.Q., Fujyiama H. 1996. Difference in response of rice and tomato subjected to sodium salinization to the addition of calcium. Soil Sci. Plant. Nutr. 42: 503-510.

Spychalla J.P., Desborough S.L. 1990. Superoxide dismutase, catalase, and alpha-tocopherol content of stored potato tubers. Plant Physiol., 94: 1214–1218.

Stevens J., Senaratna T. and Sivasithamparam K. 2006. Salicylic acid induces salinity tolerance in tomato (*Lycopersicon esculentum* cv. Roma): associated changes in gas exchange, water relations and membrane stabilization. Plant Growth Regul., 49, 77-83.

Strogonov B.P. 1964. Practical means for increasing salt tolerance of plants as related to type of salinity in the soil. In: Poljakoff- Mayber A., Meyer A.A., eds. *Physiological Basis of Salt Tolerance of Plants*.Israel Program for Scientific Translations, Jerusalem. 218 – 244.

Stumpf P.K. 1975. Recent advances in the chemistry and biochemistry of plant lipids. *In*: Galhard T., Mercer MI (eds) Academic Press, London, p 95.

Sudhakar C., Reddy P.S., Veeranjaneyulu K. 1993. Effect of salt stress on the enzymes of proline synthesis and oxidation in greengram (*Phaseolus aureus* Roxb.) seedlings. J Plant Physiol. 141:621–623.

Sung J.M., Chiu K.Y. 1995. Hydration effects on seedling emergence strength of watermelon seed differing in ploidy. Plant Sci. 110: 21-26.

Sun H., Lin L., Wang X., Wu, S., and Wang. X. 2011. Ascorbate-glutathione cycle of mitochondria in osmoprimed soybean cotyledons in response to imbibitional chilling injury. J. Plant Phyisol. 168:226-232.

Szabolcs I. 1992. Salinization of soil and water and its relation to desertification, Desertification Control Bulletin, United Nations Environmental Program, No.24, p. 32-38.

T

Taiz L., Zeiger E. 1998. Plant physiology. Sinauer, Sunderland, Massachusetts, USA.

Taleisnik E., Grunberg K. 1994. Ion balance in tomato cultivars differing in salt tolerance. I. Sodium and potassium accumulation and fluxes under moderate salinity. Physiol. Plant., 92: 528–534.

Taylor N.J., Hills P.N., and van Staden J. 2007. Cell division versus cell elongation: The control of radicle elongation during thermoinhibition of *Tagetes minuta* achenes. J. Plant Physiol. 164:1612-1625.

Tester M, Davenport R. 2003. Na^+ tolerant and Na^+ transport in higher plants. Annals of Botany, 91: 503-527.

Thorup R.M. 1984. Ortho Agronomy Handbook: A Practical Guide to Soil Fertility and Fertilizer Use. San Francisco, CA: Chevron Chemical Company. 454 p.

Tilman D., Cassman K.G. Matson P.A. Naylor R. and Polasky S. 2002. Agricultural sustainability and intensive production practices. Nature 418: 671-677.

Toenniessen G.H. 1984. Review of the world food situation and the role of salt-tolerant plants. In. Salinity Tolerance in Plant-Strategies for crop improvement. (Eds.): R.C. Staples and G. H. Toenniessen. 399-413, John Wiley and Sons, New York.

Tuna A.L., Kaya C., Ashraf M., Altunlu H., Yokas I., and Yagmur B. 2007. The effects of calcium sulphate on growth, membrane stability and nutrient uptake of tomato plants grown under salt stress. Environ. Exper. Bot., 59: 173-178.

Turan H., Sönmez G., Çelik M.Y. and Yalçin M. 2007. Effects of different salting process on the storage quality of Mediterranean Muscle (*Mytilus Galloprovincialis* L. 1819). Journal of Muscle Foods 18, 380-390.

V

Vaidyanathan R., Kuruvilla S., Thomas G. 1999. Characterization and expression pattern of an abscisic acid and osmotic stress responsive gene from rice. Plant Sci. 140, 25–36.

Velasco L., Fernandez-Martinez J.M. 2001. Breeding for oil quality in safflower. (ed.Bergman JW, Mündel HH), pp 133-137. Proceedings of the 5th International safflower Conference. Williston, North Dakota and Sidney, Montana, USA.

Velasco L., Pérez-Vich B., Hamdan Y. and Fernández-Martínez J.M. 2005. Genetic study of several seed oil quality traits in safflower. In: Proceedings of the 6th International Safflower Conference, Istanbul, Turkey, 6-10 June, 74-79.

Vicente O., Boscaiu M., Naranjo M.A. 2004. Responses to salt stress in the halophyte *Plantago crassifolia* (Plantaginaceae) J Arid Environ 58:463–81.

Villora G., Pulgar G., Moreno D.A., and Romero L. 1997. Salinity treatments and their effect on nutrient concentration in zucchini plants (*Cucurbita pepo* L. var. Moschata). Aust. J. Exp. Agric., 37, 605-608.

W

Wahome P.K., Jesch H.H., Grittner I. 2001. Mechanisms of salt stress tolerance in two rose rootstocks: *Rosa chinensis* 'Major' and *R. rubiginosa*. Sci. Hort. 87:207-216.

Wang Y., Nii N. 2000. Changes in chlorophyll, ribulose bisphosphate carboxylase-oxygenase, glycine betaine content, photosynthesis and transpiration in *Amaranthus tricolor* leaves during salt stress. J. Hortic. Sci. Biotech., 75, 623-627.

Wang Guimiao and Li Yili. 1985. Clinical application of safflower (*Carthamus tinctorius*) [in Chinese]. Zhejiang Traditional Chinese Medical Science J. 1:42-43, 1985.

Weiss E.A. 1971. Castor, Sesame and safflower. Leonard Hill, London, ISBN: 0-85954-137-1.

Weiss E.A. 1983. Oilseed crops. Chapter 6. Safflower. Longman Group Limited, Longman House, London, UK. Pp. 216-281.

Wichman D. 1996. Safflower for forage. Page 11 *in* Proceedings of North American Safflower Conference, Great Falls, Montana, 17-18 January (H.H. Mündel, J. Braun and C. Daniels, eds.). Lethbridge, AB, Canada.

Wiebe H.J. and Muhyadin T. 1997. Improvement of emergence by osmotic seed treatments in soil of high salinity. Acta Hort. 198, 91 - 100.

Y

Yeo A. 1998. Molecular biology of salt tolerance in the context of whole-plant physiology. J. Exp. Bot., 49: 915-929.

Yildirim E., Turan M. Guvenc, I. 2008. Effect of foliar salicylic acid applications on growth, chlorophyll and mineral content of cucumber (*Cucumis sativus* L.) grown under salt stress. Journal of Plant Nutrition, v.31, p.593-612.

Younis M.E, Hasaneen M.N.A, Ahmed A.R, El-bialy D.M.A, 2008. Plant growth, metabolism and adaptation in relation to stress conditions: Reversal of harmful NaCl-effects in lettuce plants by foliar application with urea. Australian Journal of Crop Science. 2(2): 83-95.

Yu D. 1987. Application of Xiao Shuan Decoction for treatment on cerebral thrombosis of 68 cases [in Chinese]. J. Zhejiang Traditional Chinese Medicine 22(10):441.

Yu Lei M.K. and Shaozheng L. 2000. Research on salt tolerance of some tree species on muddy seashore of north China. In International seminar on "Prospects for saline agriculture". April 10-12, 2000, Islamabad (Pakistan).

Z

Zhang H.L., Nagatsu A., Watanabe T., Sakakibara J. And Okuyama H. 1997. Antioxidative compounds isolated from safflower (*Carthamus tinctorius* L.) oil cake. Chemical & Pharmaceutical Bulletin (Tokyo). 45, 1910-1914.

Zhifang G., Loescher W.H. 2003. Expression of a celery mannose 6-phosphate reductase in *Arabidopsis thaliana* enhances salt tolerance and induces biosynthesis of both mannitol and a glucosyl-mannitol dimmer. Plant Cell Environ., 26: 275–283.

Zhou W. 1986. Tian Ying's prescription was used for treatment on sterility of 77 cases [in Chinese]. J. Traditional Chinese Medicine 27(12):31-32.

Zhou Z. 1992. The curative effects of Tao-Hong-Si-Wu Decoction for treatment on cerebral embolism of 32 cases [in Chinese]. Correspondence of Traditional Chinese Medicine 11(3):44-45.

Zhu J. and Meinzer C.F. 1999. Efficiency of C_4 photosynthesis in *Atriplex lentiformis* under salinity stress. Aust. J. Plant Physiol., 26: 79-86.

Zhu J.K. 2002. Salt and drought stress signal transduction in plants. Annu. Rev. Plant Biol. 53, 247 – 273.

Zhu J.K. 2003. Regulation of ion homeostasis under salt stress. Curr. Opin. Plant Biol. 6, 441 – 445.

yes
Oui, je veux morebooks!

I want morebooks!

Buy your books fast and straightforward online - at one of the world's fastest growing online book stores! Environmentally sound due to Print-on-Demand technologies.

Buy your books online at
www.get-morebooks.com

Achetez vos livres en ligne, vite et bien, sur l'une des librairies en ligne les plus performantes au monde!
En protégeant nos ressources et notre environnement grâce à l'impression à la demande.

La librairie en ligne pour acheter plus vite
www.morebooks.fr

OmniScriptum Marketing DEU GmbH
Heinrich-Böcking-Str. 6-8
D - 66121 Saarbrücken
Telefax: +49 681 93 81 567-9

info@omniscriptum.com
www.omniscriptum.com

Printed by Books on Demand GmbH, Norderstedt / Germany